豐田精實管理的翻轉獲利秘密：

不浪費就是提升生產力

作者：江守智

管理教育中應再加強的一環

國立政治大學名譽講座教授 司徒達賢

「企業」是現代社會中數量最多、影響力最大的組織形式。我們的食衣住行絕大部分都由企業提供，就業機會也大部分來自企業。在自由經濟體制下，每一家企業為了本身的生存發展，就必須開創本身的生存空間，也必須努力提高資源的使用效率。

企業生存不易，長期獲利更難，因此需要依賴有效的管理。半世紀以來，形形色色的管理理論與實務方法可謂風起雲湧，百家爭鳴。上至宏觀的國際產業與政經情勢預測分析，下至最細緻的消費行為與員工士氣，都有大量的理論學說以及實務上的建議。位居中堅的策略、組織、行銷、財務、人資、資管等，當然在全球的管理教育中一直維持重要的地位。

然而在西方的管理教育或管理學術方面，觀念性的內容一向比較多，數理模式與資料庫的統計分析更是顯學，甚至在教學上，「個案研討」已被視為「理論性不足」的異端。再者，學者們對學術的重視加上本身實務歷練不足，使企業中「執行面」層次的知能，在管理教育中極少觸及。

然而這些「執行面」層次的知能其實對企業經營十分重要，它們雖然在學術殿堂中未能受到應有的重視，但在實務界卻依然有人默默的累積經驗，並整理出有參考價值的原則與提醒。日本豐田公司在世界汽車產業中長期維持領先地位，大部分即有賴於其在工廠管理及作業方面的努力與不斷精進。事實上豐田的管理方式，不僅可以應用在汽

車製造業，而且也可以應用在大部分其他製造業，以及流程效率十分重要的服務業，例如物流、餐飲，乃至於大型組織的行政工作方面。

豐田式管理對大部分台灣企業界而言並不陌生，但能將之落實在本身產銷流程中的或許不多。江守智先生這本《豐田精實管理的翻轉獲利秘密》，以可讀性高的文字以及貼近實務的案例介紹豐田式管理的精華，對讀者肯定有相當大的助益。

江守智先生是政治大學企業管理系畢業的傑出校友，畢業後親往豐田公司學習，並曾擔任許多企業的顧問多年。從書中的內容可以看出他不只對企業界的問題可以一針見血地指出問題及提出建議，而且在顧問及輔導的過程中也不斷自我成長，這些都是十分難能可貴的。

10 年前就希望擁有的一本書

聯華食品 董事長 李開源

聯華食品成立於民國 59 年的台北迪化街，自創立以來我們陸續推出了可樂果、元本山海苔、萬歲牌堅果、卡迪那薯條等產品，幸運受到大家的喜愛，成為國內最大膨化食品、海苔、堅果的製造廠。而如今我們也是國內最大的超商鮮食代工廠，生產御飯糰、飯糰、三明治、涼麵燴飯、麵食、便當等即食產品。

過去關於生產管理，我們一直以來都是土法煉鋼，憑著直覺與常識摸著石子過河，在 2011 年後就想導入整套有邏輯理論基礎的「精實管理」，作為持續提升競爭力的方式。一開始買了許多書回來自己辦讀書會，不管是歐美「精實生產」或日本「豐田生產方式」，書雖然多但卻都是翻譯為主，看半天還是不懂，畢竟都是國外企業的案例及作法。

所幸在 2012 年有這個機緣認識中華精實協會，一開始聯華食品從上到下都不免疑惑「我們是食品業，不是汽車業」要怎麼學習豐田生產方式？但在中華精實協會大野義男院長及江守智經理的協助下，讓我們對於食品製造的理想有了實踐的具體方法。

聯華食品從 2013 年正式開始導入豐田精實管理，一開始在休閒事業部的林口廠成立三個示範線與倉儲課，2014 年更擴大到所有七條產線均納入改善範圍，更在 2015 年加入鮮食事業部三個廠全部納進來一同參與。轉眼間到了 2019 年，我們與中華精實協會的顧問們合作已邁入第七個年頭。就像聯華食品安心履歷的建置一樣，我們相較於

其他業者同行投入的早，一開始走在前端迷迷糊糊是很辛苦，現在回過頭來看反而慶幸還好有當初那一個勇於改變現狀的決擇。

舉例來說，由於食品業所共同追求的目標不外是產品鮮度與品質，而天敵就是商品的「保存期限」，過往我們需要大量的物流倉作為生產的緩衝，但現在聯華食品的完成品庫存已經從平均 45 天降到 15 天以下的水準，而且持續不斷追求進步中，因此大家能夠在消費市場上買到更新鮮、更好吃的產品，同時對公司內部管理的細膩與精準更有效率地提升。

因為我們貫徹豐田的生產精神，讓排程精準，而且在必要的時間內只生產必要的產品、 同時消除人力物力時間與空間等一切不必要的浪費，而大大地提升了資源的使用效率，並且在提升產品品質的同時還能有效降低成本，可以說是魚與熊掌兩者兼得。

這本書的作者江守智先生，年紀輕輕卻已經是實戰經驗極為豐富的企業顧問，政大企管畢業，還在日本豐田集團受過完整的培訓計畫，回台後也一直都在從事豐田精實管理的工作。現在他推出這本書《豐田精實管理的翻轉獲利秘密》，有著他過去跟隨日本管理大師及自己輔導的實務經驗，不僅融合了從汽機車、食品、工具機、門鎖等跨產業的管理共通點，筆觸輕鬆詼諧又平易近人，如果在聯華食品一開始摸索階段時就有這本書存在，我想我們能夠少走許多的冤枉路。誠摯推薦給各位，謝謝！

推薦序

發現問題並解決問題的精實思考

宜特科技 董事長 余維斌

iST 宜特，電子產業的驗證測試實驗室，致力於故障分析（FA）、可靠度驗證（RA）、材料分析（MA）、化學 / 製程微汙染分析、訊號測試等範圍，建構完整驗證與分析工程平台與全方位服務，已是國際知名且具有公信力機構認可的獨立品質驗證第三方公正實驗室，亦擁有各領域的專家所組成的專家團隊，以完整、快速、先進與創新之高品質技術能力為各國際大廠提供解決方案，同時也扮演加速客戶產品上市的研發夥伴，這是我們專注且堅持創造客戶價值的核心服務。

然而，在科技技術不斷進步的同時，我們也不斷思考在內部管理上該如何優化改善，該如何更契合時代脈動，因此我們找到業界最頂尖的專家：江守智顧問，來協助宜特科技推動精實管理。

借重江顧問過去在不同產業成功的經驗，我們也重新檢視內部流程，江顧問破除過往同仁總是用感性陳述問題的習慣，細心地引導我們團隊成員運用理性分析來發現問題發生的根本癥結，並用科學的方法將數據量化，再進一步尋求適佳解。在消除浪費、提升效率上得到龐大的實質效益。

更重要的是，江顧問重視「授人以魚不如授人以漁」，十分在乎同仁們是否有將精實觀念內化，培養宜特同仁平時便能夠自主發現問題並具備解決問題的能力。

很高興聽到江顧問新書問世，書中跨產業的實際案例、簡單明瞭的論述說明，深入淺出，筆觸生動不枯燥，我相信，不論您在哪個產業範疇都能夠從中獲得體悟並且學到如何更加善用精實思考，推薦給您這本好書！

推薦序

排除浪費是由「一步、一秒、一滴」開始

中華精實管理協會 院長 大野義男

江君，恭喜你出書。

從守智顧問開始輔導台灣企業以來，已將近十年，輔導的企業也廣涵汽車製造、工具製造、食品製造、電子產業等，在各行各業中活躍著。

各企業因產業別不同，浪費的內容也各自迥異。勞力密集型的企業中是作業員的動作浪費，而自動化生產線則有設備效率的浪費等。依據產線規模、設備規格、生產量多寡的差異，進行改善的著眼點和改善內容都會有所不同。

TPS 活動被認為是最適合作為這些生產改善的方法。

然而，TPS 並不是僵硬的學問，其中確實有物品製造的原理原則，但如同先前所述，根據不同的生產線狀況，改善活動的內容也會跟著改變。因此 TPS 活動中「行動」是很重要的，採取了行動，不論是好是壞都會有結果產生。若是壞的結果，改掉便是，而若是好的結果，便可採取進一步的改善行動，也正是所謂的「巧遲拙速」。

換句話說，能確實理解 TPS 的原理原則、精準分析生產線的現狀，並發起改善行動的人才是必要的。

這本書中對物品製造的原理原則、實施改善的著眼點、發現浪費的方法，以及如何進行改善都有詳細的解釋。我想這些是因為守智顧問有在台灣輔導過各式各樣企業的經驗和努力，才能寫出的寶物。

　　另外，他為了學習 TPS 的原理原則，特地到 TPS 的發祥之地：日本豐田汽車的關聯企業—愛信精機 (株)，學習正統的 TPS 以及日本的經營、管理等學問。

　　這本書收錄了很多 TPS 的基礎，和依據此基礎的改善實戰經驗，十分地有價值，我想也是會對很多人來說很受用的一本書。

特別的守智，特別的戰場

知名講師、作家、主持人 謝文憲

台灣有近十萬人次聽過我的課，企業內訓居多，公開班也不計其數，守智是最特別的學員之一。我都這樣介紹他：「不要被他的年紀與外表給唬了，他的功力會深厚到你嚇一跳。」

這是從憲福講私塾開啟的緣分，在「憲福講私塾」高強度的訓練下還能夠存活，守智絕對是教學教巧的佼佼者，一場章魚燒工作排程與效能提升的教學中，他讓憲福兩位老師嘖嘖稱奇，讓同場競技的其他老師望塵莫及。

我對他留下極為深刻的印象，然後，就沒有然後了。下一次跟他見面是在寫作班，我第一次知道他有出書的念頭，課上完以後，然後，也沒有然後了。在憲福育創開了兩次公開班，然後，真的又沒有然後了。

我其實一直不清楚他到底平常在搞什麼大事業？！

去年得知他參選經理人雜誌主辦的「100 MVP」中脫穎而出，我馬上邀他在公開班跟大家分享職場經理人制勝之道，約他上我的廣播節目中進行專訪，我終於對他有了更深的了解。

來自《豐田精實管理的翻轉獲利秘密：不浪費就是提升生產力》，他做了個人化的人生引申：「守智精實管理的翻轉制勝秘密，不高調就是提升戰鬥力，擅防守就是最佳攻擊力。」

那些公開班開得比他多的人，其實戰場沒有他這麼大。那些大賽得

到第一名的參賽者，或許企業埋單比例不會比他高。那些很快就出書的人，或許賣得不會有他好。那些口若懸河、舌燦蓮花的老師，或許收入卻沒有比他高。

這是此時此刻，我對守智的最佳註解：「低調、溫暖又有實力的一個人。」

精實管理是提升效率的顯學，我大學與研究所都念企管，除了必修以外，都刻意跳過生產管理，不是我不喜歡生管，而是我找不到最佳詮釋與切入點。大學時念的作業研究（OR），畢業後進到台達電子擔任人資的工作，一年後轉任桃園廠採購擔當，生產線的課長和採購的經理都對我的效率研究與精實改善嘖嘖稱奇，我也不知道哪裡來的能力？

看完守智的新書，我發現：「把手弄髒，親上火線，仔細觀察，設定目標，多方嘗試」，正是我體驗到的五個精實重點，轉換成我後來的 12 年業務生涯，與 13 年的創業歷練，正印證了一句話：「不浪費就是提升生產力，不虛華就是增加競爭力。」

守智愛家，太太也很幫忙他，平常鍛練健身，常駐第一線解決顧客實務面臨的問題，他這個人，跟他選擇的戰場，他的日常工作，他的新書一樣：「低調不虛華，有效又有用」。

精實管理的最高境界：「一直有然後，只是你不知道。」誠摯向您推薦這本書。

推薦序

更精實、更精簡、更精彩

《上台的技術》《教學的技術》作者 & 職業講師教練 王永福

十多年前在讀 EMBA 時，有一門課叫「生產管理」，那時要算排程、要算流水線、要算要徑、還有作業時間、移動距離、動線規劃 ....。每次看了總是一個頭兩個大。後來也看了一些管理書籍，談到豐田式管理（Toyota Production System，TPS）、Toyota Way、或是精實管理，談到許多像看板、零庫存、接單式生產 ... 這些種種不同的觀念。那些書裡面有時也會談到許多不同的行業，例如醫院、郵局、企業，在導入精實管理的作法後，有更好的效率及品質，並且讓許多企業脫胎換骨。雖然內容描述的都很吸引人，但因為不是作業現場出身、再加上沒有親臨現場，總是只能對書上的內容停留在想像空間，還是無法了解 TPS 或精實管理的精髓。

後來因為憲福育創開了「講私塾」這門課，訓練有心成為職業講師的老師們，一起學習教學的技術。我才在課程中見識到了精實管理的威力，守智老師的授課核心，就是這門「精實改善力」的專業課程。

本來我還有點擔心，這門課看起來這麼硬，會不會上起來很枯燥無趣，沒想到守智老師用一個「理、平、流」的口訣，讓我們在一個產品生產線的模擬操作中，馬上學會了精實管理的入門精髓。我還記得大家在課程中，先學習怎麼理出最佳動線、平準化生產負擔、然後開始操作批量生產 vs. 一個流生產線的差異，雖然大家都沒有生產線的工作經驗，但是還是能夠完全理解守智老師想要表達的重點，並且從中有很多的學習。

也因為上課跟教學的關係，我跟守智老師有許多的機會在高鐵上及不同的地方聊天。我總是能夠感受到他的熱情跟活力，還有想要利用精實生產的精神，為更多的作業現場帶來實質的改善。從這本書中，你將會看到許多不同的行業，如製造業、食品業、服務業、流通業 ...等，怎麼在守智老師的診斷下，從觀察問題、發現問題、定義問題、解決問題、以及進行核心成效追蹤，再與企業目標進行連結。一步一步環環相扣，非常精實及精彩。

更重要的是：這本書的筆觸生動，讀起來非常有趣而好消化，以案例為主，搭配許多精實生產的核心。再加上守智老師有時自嘲或開玩笑的筆觸，讓人閱讀時經常會發出會心一笑。如果以前在學校就能讀到這本書，那我「生產管理」的分數一定會更高！但是更重要的是：如果您能好好讀懂書中的精髓，說不定您也能發現，如何用精實管理及 TPS 的方法，改變您的職場及作業現場，讓他變的更精實、更精簡、也更精彩！

我是福哥，我誠摯的推薦這本好書。

讓你看得懂、能操作的精實管理專書

本書作者 江守智

不管你在電腦手機螢幕前或在書店架上翻開這本書，求知欲旺盛的你一定想知道：「我要不要買這本書？」三個疑問讓作者我自己來解答。

汽車業的管理方法，我又用不到？

精實管理來自豐田，當它在台灣自行車業推展時，有人說：「自行車一樣是車輛相關」。當它被聯華食品作為台灣第一家導入的食品業時，有同業說：「我們做的跟聯華的不同」。當你還擁抱著 90 年代或 2000 年的往日榮光時，在你看不到的地方，台灣的汽機車零組件、自行車、食品、餐飲、屠宰、工具機、門鎖、手工具、醫院、石化、科技等產業紛紛找上我們。因為他們知道，豐田汽車在資源匱乏的條件下，能夠雄踞全球汽車業龍頭，「管理方法」才是豐田決勝的關鍵。

你是公司主管？那麼書中談論到消除浪費、降低庫存跟改進品質的作法，相信一定能夠給你幫助。如果你是團體工作中的一份子，那麼如何跟他人協作、如何增進效率，將會優化你的工作表現。

幹嘛不看歐美或日本的商管書就好？

我自己是個企管系的畢業生，工作之餘也需要大量的閱讀商管書籍，但當我讀到歐美的案例、日本的職場文化時，或多或少都有種格格不入的感覺。恰巧我的工作能夠接觸到大量的台灣上市櫃企業、隱形冠軍等，當這些公司努力進行改善時，我想他們的案例一定更能夠讓台灣的讀者們感同身受。

試想書中談到一例一休還是美國工會罷工、日本的勞動組合，哪個讓你感同身受？可樂果的製程改善？還是多利多滋會讓你覺得熟悉對味？你不寂寞，在這個島上還有許多人跟你一起努力著，我們可以這本書看到台灣產業如何成功推動精實管理。

　　會不會充斥一堆理論跟名詞，很難懂？

　　「平準化」、「大部屋」、「一個流」、「段取」等字眼讓你霧煞煞嗎？

　　那如果談金庸武俠、三國演義、台灣職棒、NBA、鄉民哽會不會讓你覺得秒懂？不然還有捐血流程、家中衣櫃、廚房內場、牙醫看診等生活實例，透過輕鬆幽默的筆調（自己說？）相信會讓聰明的你秒懂秒應用。

　　最後，真心感謝老婆、家人、工作夥伴在寫書期間的各種體諒，讓這本匯集十年顧問生涯的精華能集結成冊。2012 年時接受媒體採訪時說要改變台灣製造業，2017 年底在百大 MVP 經理人的頒獎舞台上證明改變已被看見，2019 年希望透過這本書讓更多人能夠學會用精實管理讓自己變得更好。一起加油！

目錄

第三章 增進效率

第四章 長期穩定

第・一・章

建立標準

1-1

管理第一步：
有標準，論好壞

―――

　　台日合資企業、石化產業中一顆炙手可熱的新星，過去三年不論營業額、利潤皆翻倍成長，這是我輔導的一家公司。這樣的公司究竟遇到了什麼樣的問題，會選擇處在風口浪尖時，希望尋求外部輔導顧問的協助呢？

　　去年底開始，我正式接下這件案子，作為精實管理推展至台灣石化產業的第一步。一開始我也非常好奇，照理說石化產業在台灣發展歷史悠久，而且產業排他性相對強（有自己一套遊戲規則），究竟他們的需求是什麼呢？

　　當我第一次拜訪公司製造現場後，我就找到了答案。

「現在這種材料的充填作業，今天要做多少桶呢？」
「要 120 桶。」
「那現在做了幾桶？預計幾點能夠完成？」
「跟顧問報告一下，如果早班沒做完的話，中班會接手做到完。」

　　我有點訝異，心裏馬上浮現一種大膽的想法：「所以課長您言下之意，就是大家都可以隨心所欲，做到哪算到哪嗎？」當然，我壓下差點脫口而出的疑問，只好冷靜修飾過後說：「那這樣表示生產是沒有標準的嗎？」陪同我到現場的五六位幹部們紛紛迴避我的眼

神，我只好接著再到另外一個現場巡訪。

「上次這項作業的負責人怎麼沒見到呢？」
「喔～我們公司現場作業每個月都會輪調一次。」
「那這樣作業時的注意事項、重點品質項目等等，會不會有疏漏？」
「我們都會提醒他們要確保哪些地方不要出問題。」

這次的答案已經不是訝異就能形容的，回想當初公司副總經理在輔導前的高階會議中所期望的：「希望公司有管理的樣子」。原來這家快速成長的企業，在過去幾年內完全是人治社會，原因是在快速擴張時期面對大量工作負荷，主管們只能依靠過往做事經驗見招拆招。

然而就是因為這些作法缺乏根據及可重復性，才讓公司面對客戶的品質客訴、到廠稽核時，顯得猝不及防。

過去在日本豐田集團研修時，最令我印象深刻的就是「標準」兩個字。

> **因為不論各種作業方式、生產條件等等，
> 皆有標準存在，作業人員皆依據標準進行。**

然而台灣許多企業對於「標準」的第一印象就是 SOP（標準作業），覺得這是一種扼殺人類靈活應變的工具，甚至讓組織變得僵化、無法變通，甚至以為不能應付市場環境、競爭對手的改變。

然而我建議大家，不論是公司內部的改善活動，或是個人工作效率的優化，「標準」都是一個極為重要的存在。其理由有以下三點。

✗ 「標準」是好壞判斷的依據

有標準，才能論好壞。

如同古語有云：「不以規矩，何成方圓」。想要針對各種流程或作業方式進行改善的話，就要先能夠建立現階段的標準，後續若干時日後，才能夠判斷是變好了還是變差了？

如果我是一名夢想打進黑豹旗八強的高中生投手，希望暑假期間透過特訓提升自己球速，但如果連一開始的球速都沒測量過，兩個月的夏天汗水揮灑後，說不定還可能因為訓練方向錯誤導致球速減慢卻不自知。

✗ 「標準」是前人智慧的濃縮

標準的出現是以安全、品質為基本條件下，追求產能、成本的產物。

標準就像是一個逐代演進的生命體（誰說標準不能改變？），每逢重大變化就會迎來演化的變革，例如客訴問題、工安事故、產能瓶頸等，都會產生新的作法寫入標準中。

企業組織不像國家政府擁有一群專業人士進行立法、修法的任務，因此通常都是外部壓力產生改善動力。但只要透過迭代更新積累，那就是一份高濃度的智慧聚合物。

「標準」是指導新人的指南

豐田集團擁有一個值得台灣企業與工作管理者學習的現場方針：如果下屬不能夠遵照「標準」行事，不應該責罵或懲罰下屬，而是先行反省是否標準本身出了問題。必要時更應該聽取下屬的意見，重新檢討、思考如何修正標準！

要記得我們要努力的並不是維持現有規章的存在感，而是應該致力改變整體標準運作機制的正向循環：制定、施行、檢視、修改、重修。

在華人武俠大師金庸先生所撰寫出的丐幫經典武學「降龍十八掌」便可看出端倪，從洪七公傳給郭靖，從耶律齊到史火龍，即便有幫主與傳功長老有計畫性的傳授武功，但不論意會抑或言傳，終會遇到教的人會打不會教，學的人資質魯鈍等問題。

如果無法科學性的留下典章標準，就成為丐幫從天下第一大幫到後期淪為江湖後段班的原因之一。相反地，少林寺透過達摩院、般若堂、羅漢堂、藏經閣等組織，系統性收集、修正、培育標準武功，也難怪歷朝歷代皆能穩定輸出高品質的人才。

現實職場也能用上「標準」管理

回到現實世界，在工作職場中的我們，又能夠怎麼透過標準來提升自己呢？以下提供三種情境給各位參考。

第一種情境：接受上司任務時

> ⇨ **確認任務的執行期間**
> ⇨ **確認主管對於好壞的標準**
> ⇨ **確認資源投注的多寡**

如果主管對於標準沒有謹慎考量時，作為下屬可以透過「向上管理」的方式，藉由詢問的方式，首先確認交辦工作的死線（Deadline）。

而如果對於工作要求的品質水準、效率高低不夠精確的話，那就容易發生「能不能提早點給我？」結果你隔天提了一套燒餅油條加豆漿給他的誤會情境。

最後我們也應該確認上司資源投注的多寡，如果以往這項工作需要三個人做足 8 小時，現在只給你兩個人，照比例推算應該兩個人均需加班 4 小時才能完成，而你能加班 2 小時就完成，就足以證明效率提升的能力。

第二種情境：執行個人工作時

> ⇨ **設定明確的工作內容**
> ⇨ **定義精確的評價標準**
> ⇨ **給予詳細的時間計畫**

工作執行時通常不需用到 5W1H 原則，特別要清楚設定的是 When（時間）、Where（地點範圍）、Who（執行者）及 How（工具手法）這四大項即可。

以我個人經驗為例，我會在工作執行過程中，透過定期回報讓相關單位及主管知道我最近在幹嘛？進度到哪了？遇到什麼問題？需要甚麼支援？通常我都是以週為單位設定工作進度、期望達成效果及檢驗標準，一有狀況立刻回報。

你可能會擔心主管或同仁嫌煩，但直到我當了主管，我才體悟作為主管時，沒有什麼比「下屬悶著頭默默搞，到了火燒屁股不可收拾時才向你求援」，更令人頭皮發麻的事了。

第三種情境：訓練部下遵守時

⇨ **說明標準存在的用意**
⇨ **觀察部下執行品質與速度**
⇨ **檢討是否有可修正之處**

為了不讓自己做到死，訓練員工是管理者的必修課。

「現在的小孩越來越草莓，教都教不會」發表這樣貴古賤今的言論，你還是沒法解決問題，發洩後一樣得要擦乾眼淚自己收回來做。與其這樣，不如向部下說明清楚標準的重要性，交辦工作你期望看到的品質、效率，並且持續追蹤員工的作業方式與困難處，一同檢討標準是否有值得修正之處。這才是從根本著手減輕主管負擔的方式。

本文開頭所提到的這家公司，後來透過一年的討論學習，目前在所有事業單位都設定好明確的工作標準，而且每個月開會檢討，持續修正更好的版本。

大家都反應過往工作缺乏成就感，因為不管做哪種工作，都沒有

人告訴他們什麼叫做好？什麼叫做不好？大家只是悶著頭打拼著。

> **但現在透過標準的建立，達到或超越標準會有成就感及上司肯定，而低於標準時知道自己錯在哪，才能避免下回犯錯的循環。**

公司副總在年度檢討會議後與我握手時說：「謝謝顧問，我們明年訂單預計會再成長 30%，如果沒有這些標準在，我們勢必會遭遇更加兵荒馬亂的情況，但現在反而感覺到心裡有個譜的踏實感。」

1-2
目的先決模式：先問「為什麼」
跟「為了什麼」？

我固定每三個月到捐血中心捐全血（500cc），對！除了造福更多需要的人，也是私心為了增進新陳代謝而幫助減肥。然而最近一次捐血時，發現以往所熟悉的捐血流程，從 2018 年 8 月之後有所調整。

過往的捐血流程是從先填寫捐血登錄表開始，接著查驗身分證件、由專人面談體檢、進行捐血及最後休息。而現在一到捐血中心，映入眼簾的是一個立牌寫著「新血液管理資訊系統正式上線，因作業流程改變，捐血等候時間較長，請您耐心等候，造成您的不便敬請見諒。」

咦？這馬上吸引我的目光了！為什麼新導入的 e 化系統，反而會讓等候時間變長呢？

自己實際體驗一遍，首先在查驗身份後，跟過往不同的是捐血中心會請捐血人使用平板輸入電子捐血登記表，過往透過護理師面談時確認的個人旅遊、藥物及性生活等私密問題，現在就在平板上進行勾選即可。

但操作時出現的狀況是捐血中心僅有兩台平板，而且連線品質不佳，導致捐血人透過平板輸入電子捐血登記表時會出現堵塞現象。

這時的我想說：「好吧！可能在這段流程多花點時間輸入資料，就能減少以往在面談諮詢時耗費的一對一問答時間。」於是等我進入體檢室後，再一次超出我的期待。親切的護理師仍透過親切的口吻、饒舌的速度確認我最近是否有用藥、牙科治療、一年內出國 ... 等，另外再拿著專業的教具告知勿將捐血作為檢測愛滋的方式、過去半年內是否單一性伴侶、是否曾吸食毒品等問題。

這 ... 不是跟以往一樣嗎？那我剛才在平板上要輸入身分證字號，還要一項項勾選是為了什麼？

不要等到事後才越想越不對勁，我決定把握時間詢問相關人員。所以當我伸出右手食指前端，讓護理師擦拭酒精準備在那上面刺個小洞採集血液測量血紅素時，我故作輕鬆地問了 e 化作業的問題，護理師只給我一個意味深長的笑容，然後告訴我：

「來，深呼吸。」
「啊！」
「我們底下的人不好說些什麼。」
「（冒汗）我知道了。」

你一定跟我想的一樣，覺得這不是顯而易見的事實嗎？為改而改，為了推動 e 化卻導致流程鈍化。既然新導入的血液管理資訊系統會讓等候時間變長，那為什麼要改呢？如果把「e 化系統」替換成「智能製造」、「工業 4.0」好像也有似曾相識的即視感。

> **這就牽涉到許多企業、組織的決策重大缺陷：追流行，卻不看自己行不行。**

不要落入流行先決模式

玩攝影的人就知道，現代相機為了方便使用，不論各家廠牌都有「光圈先決模式（A 模式，Aperture-priority Mode）」、「快門先決模式（S 模式，Shutter-Priority Mode）」等設定。但以我在兩岸企業進行顧問輔導時，最常遇到的問題就是企業經營者往往是「流行先決模式」。

也就是近來流行的管理名詞、議題，都希望自己的組織團隊企業內能夠推行活用。幾年前你會聽到老闆想要推藍海策略、長尾模式，這幾年開始有許多企業在強調要推動智能製造、透過大數據做工業 4.0，估計接下來就連巷口賣臭豆腐的阿伯也說他們用 AI 人工智慧在炸豆腐、醃泡菜了。

"

所有管理方式都是一種手段，我們希望透過不同的手段或方式因應環境的改變，進而達成想要的目的才是重點。 **"**

然而兩岸企業都遇到經營層因為「流行先決」造成無法預期的損失，例如以為廠內花了大筆預算設置數支機械手臂在產線上，就是工業 4.0。或是在全廠所有設備上加裝電眼、感應器，並透過伺服器收集各式數據，就叫智能製造。

其實現實的殘酷是：花了錢裝了一堆機械手臂，卻只能運用在少數產品而無法共用，結果現場還因為機械手臂常故障或條件設定時間長而抱怨連連，甚至最後乾脆不用。又或者收集海量數據，到頭

來卻不知道該從何下手進行分析、數據上看不出任何差異性或改善切入點。

當流行潮流吹向破褲時，我明知道自己腿粗、腳毛多不適合穿破褲，卻還硬是下標買了三件穿出門。這不就是現代版的「東施效顰」、「削足適履」嗎？既然你自己不會做，那為什麼企業會出現這種現象呢？因為競爭的危機意識會模糊了決策時的思考重心：「別人家有，我們也要有，不然怕輸掉」。

✂ 為什麼？為了什麼？

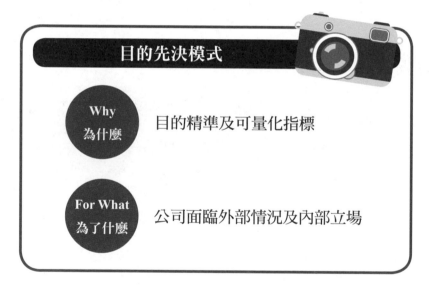

為了避免讓過剩的危機意識，阻礙你正常的思考，每當看到各種新思維、新工具、新議題出現時，提供一個模式、兩個問題，來幫助您審時度勢、自省行動。

" *我把它稱之為「目的先決模式」，*
凡事先問「為什麼？」及「為了什麼？」。 **"**

問題：「為什麼」要推動精實管理？

回答：因為我們希望能夠降低製造成本及半成品庫存天數，使自家產品在市場上更具價格競爭力，同時挽救我們日益減少的現金水位，避免經營風險。

問題：那推動精實管理是「為了什麼」？

回答：公司從創業開始就不打算上市上櫃，作為一個家族企業希望能夠盡力照顧公司 200 多位員工及背後的家庭。但隨著企業面臨的環境變化激烈，公司近年來在製程能力、成本、庫存等面向都落後於同業，為了能夠持續提供良好的薪資福利給員工，我們要推動精實管理在不裁員的前提下消除浪費、增進效率，讓我們的產品能夠越來越有國際競爭力。

上面是彰化某汽車零組件製造商在推動精實管理前，公司董事長、總經理及協理群們與我一同開會擬定清楚的「目的先決模式」。

知道「為什麼」，才能找出精準且可量化的改善指標。

但指標再明確還是需要人們的配合及調整，所以「為了什麼」而啟動變革就代表著背後所面臨的情況及公司的立場。

掌握這兩個問題，能夠讓公司從經營層開始避免人云亦云、人有我跟的追隨者心態。站穩自身腳步，依照組織外部環境及內部狀態，選定正確的管理系統或工具，方向清晰的向前走。

同樣的模式及問題，運用在個人職場學習也是一樣。這幾年不論是圖表分析、簡報技巧、問題解決、聲音表達、溝通能力等議題，在企業內訓或成人教育市場都方興未艾，但其實每一位職場工作者在投入金錢、時間學習前，我也建議你不妨用「為什麼？」及「為了什麼？」檢視自己學習的目的，我想能夠少走點冤枉路及冤枉錢。

　　記得！尋求改變時，你需要「目的先決模式」，然後問清楚「為什麼？」及「為了什麼？」。

1-3

整理的重要性：女人的衣櫃裡永遠少一件衣服嗎？

▬▬▬

「女人的衣櫃裡永遠少一件衣服」究竟是假命題還是真現象呢？大多數的老公在年終歲末大掃除後的夜晚總會這樣問自己。好不容易在週末假日排開所有行程，兩夫妻說好專心一致面對爆炸的衣櫃，你狠下心來對衣服最後的疼愛就是手放開，但是拿起老婆的衣服準備扔進回收箱時，太座的聲音在耳邊浮現：

「這件是人家兩年前跟日貨賣家連線時買的雪紡紗上衣，很美耶！」（但是妳去年都沒穿，領口都已經泛黃了耶！）

「天啊，這件你真的要丟？你不知道這韓版的牛仔褲超修身，還有提臀效果。」（可是瑞凡，不僅是我的肚子而已，其實我們都回不去了）

面對曠日費時的衣服答辯及審判，眼看好不容易爭取出的時間就要不見，甚至再堅持下去對自己也沒啥好處。於是雙方密室協商並妥協的結果，那就是一起把所有的衣物都拿出來，櫃子擦乾淨後，再把衣服放進去珍藏而已。剎那間，你有種自己是張無忌練好乾坤大挪移的錯覺。結論還是你的新衣服依舊沒地方掛，而去年不會穿的今年一樣在那泛黃而已。

管理書籍最害怕的就是作者在論述過程中有精英包袱，潛意識裡

覺得高人一等而文章離地三尺。然而上述所說的生活案例皆非個人經驗體悟，純屬聽別人說的。作者家裡鶼鰈情深、琴瑟和鳴，我個人是沒有這樣的困擾，在這邊一定要好好澄清一下。

✸ 整理、整頓的企業基本功

每次到客戶端進行診斷或拜訪行程時，業者們總是會先打預防針強調「豐田是搞車的，我們家作 XX 的不一樣」、「精實管理比較適合汽車業啦！」、「我們家東西少量多樣很麻煩的」諸如此類的意見。但管理理論有別於其他領域是透過實驗方法、數理推導等方式產生成果，管理理論主要來自於大量企業實務的歸納，也因此擁有一定程度的跨領域複製性。

先別說豐田了，你有聽過安麗嗎？啊～不是，我是說 4S 活動。

在你們公司談的可能是 5S 活動，甚至 6S、7S 到 10S 以上都有人在說。但最前面的 2S，無庸置疑大家一致認同是「整理（Seiri）」及「整頓（Seiton）」。

每次當我只要在企業輔導或授課時談到整理、整頓，就會有人在臉上或言談間流露出：「騙肖仔，20 年前我們就在做了」、「這東西還要我們花錢請你們教？」的感覺。

的確，台灣早期製造業開始與日本客戶合作時就接觸過這些概念，但是講求速成、虛應了事、一知半解的狀況卻總是在企業內部不斷重演。

也因此不論是為捷安特、美利達為首的 A-team，或是聯華食品、宏亞食品等食品大廠推動輔導改善時，都會設定以一年的時間做好 4S 與目視化管理。因為不論是推動改善活動，或是確認問題現況，

「4S 與目視化」都是企業的基本功。

✂ 整理的核心是選擇，目的是減少時間

「整理」是推行 4S 活動的第一步，所謂的整理是種「選擇」，將工作中所需物品或資訊區分成「要」與「不要」，接著就將不要的東西加以清除。

聽起來越是簡單的道理，往往越難做到。關鍵就在於沒有告訴你目的為何？好處在哪？就跟數學公式推導如果少了證明的過程而直接告訴你結論，省去思考的痛苦，卻難以持之以恆。

"整理的目的，是希望減少人們在行動或決策時，因為選擇障礙造成的時間成本及品質風險。"

曾經輔導過台灣某機車鎖類零件製造商，最初他們倉庫內擁有超過一萬種的零件種類，每天需要五名人力進行備料作業。然而經過三個月的輔導後，僅僅只是進行 4S 活動中的「整理」，也就是區分要與不要的東西並將不需要的撤除。就將所需的備料人力從 5 人降為 3 人！

因為庫位分母變少，讓每個人更容易也更清楚知道東西在甚麼地方，進而大幅加快找尋速度，甚至增加備料正確率。

細心的你會想到本文一開始的案例，聽起來區分要與不要是件容易的事，但為甚麼總有人覺得每項東西都是需要的呢？恭喜你踏入八奇思考領域的第一步，沒有錯！整理這件事最大的阻礙就是無法判斷或難以割捨。

✄ 要與不要，在於使用頻率

在這邊提供給大家一個我們在進行企業輔導時最推薦的判斷標準：依照「使用頻率」區分要與不要。

例如你可以針對目前常穿的衣服收納進衣櫃，然而曖昧不明、穿之無謂棄之可惜的衣服就利用圓形標籤貼紙，把它們都貼上紅色貼紙，上面簽上當天日期。後續只要有拿起來穿，就把日期貼紙撕掉。

如此一來，每到換季時，你就可以輕易分辨有多少衣服是超過一年以上不曾穿過的，這時候就有標準可以下定決心丟到舊衣回收箱去了。這就是我們輔導過程中在製造現場常用的「日期標籤明示作戰」。

✄ 整理幫你更迅速找出問題關鍵

空曠的運動場如果只有一個人在，你一定很容易注意到他。如果運動場用來舉辦五月天演唱會，現場五萬人聚集時，多一人或少一人就很難被看出來。相同的概念運用在倉儲管理、生產人力配置、服務流程情報傳遞上都已經被印證其效益。

如果你作為管理者面對現場千頭萬緒而焦頭爛額時，請先試著想想怎麼「整理」吧！

> *1. 依照使用頻率區分「要」與「不要」*
> *2. 將不要的東西或情報撤出現場*

1-4

整頓的重要性：
如何歸位才能實現高效？

我與料號 R-735 這批零件不相見已有二年餘了，我最不能忘記的是它的背影。

那年冬天，倉管組長調走了，老鳥小鍾的差使也交卸了，正是禍不單行的日子，我從製造調到倉庫，打算學著小鍾偷懶打混。到倉庫見著副總，看見滿間狼籍的東西，又想起料號 R-735 這批零件，不禁簌簌地流下眼淚。副總說，「事已如此，不必難過，好在天無絕人之路！」

改編自國文課文中的經典文章朱自清《背影》，讓你感到心有戚戚焉嗎？不論在製造業、物流業、服飾業等，或是公司有沒有自動倉儲、ERP 系統等，高達八成以上的企業仍舊會遇到「料帳不符」的情況。

需要的零件偏偏缺料，不要的東西卻滿山遍野，究竟是誰的責任？

小鍾如果能夠早點看到「女人的衣櫃真的少一件衣服嗎？」那一篇，面對倉庫內物料管理混亂的窘況就能夠解決。

前一篇我們學會透過使用頻率，區分要或不要的東西並將不要的

東西去除。接下來我們就要來看看怎麼把剩下來需要的東西明確歸位，也就是 4S 活動中的二部曲：「整頓（Seiton）」。

既然留下來的都是我們認定必要的東西，許多人會產生的一大誤解，就是認定只要把東西擺的整齊美觀，看起來賞心悅目就是完成任務。但 4S 活動之所以能夠在全球企業界叱詫風雲 60 年，甚至在日本已經成為製造或服務現場的金科玉律，肯定不是賞心悅目這麼簡單，背後還是有企業運作所講究的效率、品質及管理意義存在。

✂ 效率：頻率高低決定擺放遠近

在聯華食品的萬歲牌堅果飲包裝線，我們看到包裝人員每放十包後就需要向左後方跨一大步拿隔板放入箱中，可想而知日復一日、年復一年這個動作都持續存在。然而在改善團隊學習到 4S 活動的觀念後，馬上就發現這個「往左後跨一步」的問題，這才發現原來一整天現場包裝人員可能要多跨一千步以上的浪費！

以一步 0.5 秒計算，每天可節省 8 分鐘，每月節省近 180 分鐘，一年就少了 36 小時的工時。

> 這不僅只是人因工程（IE）的改善而已，
> 背後隱含著「整頓」的重要原則：
> 東西依照使用的頻率決定放置位置。

就像少林足球內的一幕：「大家不要緊張，我本身是一個汽車維修員，有個錘子在身邊，也很合邏輯。」，人的活動範圍及物品的使用頻率，應該檢討最適當的配置。

❀ 品質：定位、定容、定量的安定感

某機車零組件廠商設立在整車廠內的組裝線，作業員正在把 M6 螺絲的包袋拆開，放在輸送線旁的作業桌上，要為車燈與 H 殼進行裝配。

我默默站在產線邊，看著透明袋子散落出的螺絲，人員雖然熟練地拿起配件、挑好螺絲、工具鎖附，最後再將成品放回輸送帶。我還是忍不住把心中的疑慮提出來問組長：「請問這條產線是否有外觀不良跟欠品問題呢？」，組長一聽馬上驚訝表示：「顧問，你怎麼知道呢？」

我向組長解釋道：「因為你們的螺絲就這麼直接拆開包裝使用，雖然省去更換料盒的步驟，但是散落的螺絲在作業現場卻很有可能會刮到 H 殼的烤漆表面，或是人員在拿取時即便遺落也很難被看出來。」

不論是在製造、服務現場或是內部流程，如果所需要的東西散亂不堪，雖然不是百分之百會造成失誤，但人員疏失的機率肯定大幅提高。

❀ 人才養成：從不要犯錯到不會犯錯

二、四年前在中國大陸進行企業輔導時，曾經遇到跨越農曆年節前後，人員流動率超過 80% 的景象。但近年來在台灣這樣的狀況也越來越多見，如果短時間無法解決人員流動的問題，那麼對於企業第一線的管理重點就是：「怎麼快速讓人員對作業上手」。

如果說整理的目的是讓物品或資訊達到去蕪存菁的效果，那麼整頓就是為了讓留下來的能夠：「不論是誰」都能夠「迅速拿到」。

迅速拿到這件事，前面已經有提到可以依照使用頻率高低以安排放置遠近，追求效率的最大化。然而「不論是誰」這個條件則必須依靠明確的區域劃分、擺放規則、收容方式及圖像化（目視化）管理來達成。

「那個誰，你去幫我拿一把蔥過來。」主廚阿多師正在後場趕著出菜中。

「你拿的是蒜！你蒜哪根蔥？而且給我找了 5 分鐘是怎樣？」阿多師拿起手上的菜刀差點揮下去。

「我需要一把片刀，放在爐台上方的刀具架」主廚阿多師這回特別叮嚀刀具的位置。

「...... 這個刀片比較粗又重，這是剁刀！」阿多師血壓瞬間飆到 210。

我常聽到企業主管會有一代不如一代之嘆，但與其抱怨卻無法改變現況，倒不如省視我們能夠透過什麼方式來協助新人「不容易犯錯」而不是「叫他們不行犯錯」。

> **整頓所訴求的「不論是誰都能夠迅速拿到」，
> 就是一種從系統結構上建立明確機制的實戰技巧，
> 值得各位經理人們回頭思考所處職場的現況。**

整頓，透過整理達到分類效果後，接著將必要的資訊、物品進行安頓處置。不論是從效率、品質或是人才養成面，我們都可以看到它的優點及必要性。

1-5

目視化管理：建立大家都能一目瞭然的工作環境

如果我們把工作職場比喻做一台行進中的汽車，你能想像絕大多數人所乘坐的車子駕駛座前方，沒有儀表板的存在嗎？究竟現在是否超速，還是速度過慢已經被人超車落後，甚至沒油或是胎壓異常等等都看不到，只能依靠駕駛者的「感覺」、「經驗」來握著方向盤向目標邁進，你覺得這樣的駕駛可靠嗎？發生意外的風險大不大？

「最近訂單比較多，現場同仁們要好好加油！」、「公司最近客訴案件變多，自己皮繃緊一點。」、「這個月我們業績一定要比上個月好！」有時候在企業輔導會議中聽到高階主管勉勵同仁時，總會說出上面這樣的勉勵之詞，但我總是會覺得少了一點什麼，因為組織的資訊情報未能即時共享，因此讓「第一線的問題」無法早期發現、早期治療。

這裡到底在做什麼？

2019 年初，我受到台灣某手工具大廠董事長的請託，到越南去協助診斷他們的工廠情況。事前得到的資訊，這是一家在未來十年具有高成長潛力的生產據點，因為越南現有人口 9200 萬人，且是

一個國民年齡中位數 30 歲的新興市場。它所展現出來的蓬勃生機與機會，更在 2018 年底取消外資股權上限後，呈現爆發性的成長，大量外資企業湧進，讓越南各大工業區瞬間面臨缺工問題。接著而來工資成長、競爭加劇的狀況就端看各家企業如何因應。

從胡志明市下飛機後，著名的摩托車大軍貼身呼嘯而過，我搭車直驅客戶工廠，立即展開現場問題診斷。然而一整天的時間，我從原物料放置區、加工區、噴砂、拋光、噴漆、組裝等區域仔細審視走過，暫且先不論工作的效率好壞、品質優劣等，眼前就有一個最迫切也最直接的問題亟待解決，那就是：「這裡在做什麼？」

伴隨我旁邊的 Steve 協理一時半刻好像無法消化我的問題，他心中可能冒出黑人問號，想說：「顧問你是傻了嗎？這裡不就在生產中嗎？」

我看得出他眼神中的迷惘，只好趕緊進一步補充解釋：「Steve 你也是從台灣總部過來支援的，我們現在站在熱處理區，你能告訴我，現在他們在做哪一項產品嗎？預計要做幾支？預計幾點會做完？然後下一個要做的產品是什麼呢？預計要做多少？相關需要的治具、空箱等何時準備呢？對了，今天的品質狀況有不良品嗎？是什麼原因造成的？設備運轉都順暢嗎？有沒有故障停滯的問題呢？有的話是什麼原因？停了多久？」

一連串連珠砲式地把問題通通丟出來，協理瞬間眼神死，好像我是名電腦駭客朝著他的大腦主機發動了 DDoS（阻斷服務攻擊），讓他大腦資源耗盡無法正常運轉。

你可能有著賽亞人的驕傲說：「你說的是越南的例子，如果你今天來問我，我一定都可以回答讓你知道。」沒錯，你可能有能力足以應付我的問句攻勢，但有沒有一種可能是：

> **其實我們之間不需要你問我答、一搭一唱，**
> **所有資訊都能夠公開透明地在現場**
> **以簡單易懂的方式呈現出來，**
> **就算不用問，用看的也能夠看懂呢？**
> **其實這就是「目視化管理」的目的。**

那要怎麼在自己公司或單位內部推動目視化管理呢？大家可以試著按照下面所述的三個步驟進行。

1. 鎖定重要目標

就好像現代人的知識焦慮症一樣，我知道大家總是貪心地想要在工作中做到全知全能，但是醒醒吧！你不是上帝。我們能做的是依循公司年度方針、季目標等具體績效指標，鎖定重點主動出擊。

例如有過往輔導企業，他們曾在某一季列出的改善重點是縮短生產線換線換模的速度，並且挑戰五分鐘內完成。因此生產線最終站的上方就設置了一個 LED 燈的倒數計時器，每當該品項的最後一個產品完成時，倒數計時器就會啟動，工作人員們就能夠依循著時間的限制完成各自負責的換線換模作業。

透過這樣的倒數計時器，當你在作業時就能夠有一個參照準則，當時間剩下三分鐘時我應該要把舊的模具給拆卸下來，當時間剩下一分鐘時新模具應該已經要裝好，準備要調整設備參數。

✂ 2. 如何呈現即時數據

我很常在授課時講個真實的笑話，許多公司要判斷現場工作人員要不要加班，資訊不是掌握在現場組長手上，也不是課長，更不可能是經理。那你猜猜看是誰？

答案是廠務小姐最清楚，因為下午四點多廠務就會到現場問大家說晚上有沒有要加班？要不要訂便當？很多上課的學員笑著笑著就哭了，因為這代表著公司重要資訊更新頻率的嚴重落後。也許你可以像這家公司一樣，透過每小時定期的填寫生產數據，讓大家知道現在進度是超前、剛好還是落後？

如果遭遇落後情況，班組長也需填寫是因為遭遇何種原因造成，作為後續改善依據。

✂ 3. 看完後的行動指示

> *目視化管理，希望透過各種道具、圖表等方式，*
> *將資訊做視覺化呈現。*

很多企業的確也都能做到這點。但是「目視化」終究只是種手段，真正需要的是「管理」，也就是我們看完後需要怎麼做才是重點。

例如管理者在現場張貼了關於本月份每日不良品數量變化的圖表，每日高高低低、此消彼長的變化，大多數的人是不會放在心上的！但如果在圖表上有著明確的行動指標「不良率目標 2%」，那麼大家就知道今天不良率 5% 遠高於目標，要趕緊找出是在人員、設備、物料、作法上出了什麼問題？

> *所以目視化管理希望能夠顯示異常，更重要的是*
> *當異常真正發生時，給予大家明確的行動指示。*

許多團隊建立課程都會提到「有共識才能夠共事」，然而對於公司從上到下的每個人來說，最基本的共識應該來自於：「對於工作環境一致的認知」，目視化管理就是一個簡單卻又明確的作法。

不論是誰，到了哪一個單位的現場，都能夠清楚知道這個單位的即時狀況，就好比開車時的儀表板清楚載明現在時速、引擎轉速，我們就能依此判斷是否超速，同時也能針對接下來開車是否要加快或放慢在油門增減上有所反應。

你的工作環境是否也有目視管理呢？

1-6
本末倒置的陷阱：目的與手段

「最後我們這組想說的是，這次精實改善案非常感謝顧問的指導協助，讓沖壓A-2線能夠成功將換模時間從60分鐘縮減至15分鐘，足足下降了75%。」汪課長在公司年底成果發表會上向公司全體簡報推行精實管理的成效。

總經理坐在我身邊嘴角上揚到都已經快要拉到眼角了，顯示他有多滿意這個改善案。我在旁邊稍微思考幾秒後決定不違背自己的專業及良心，還是抄起麥克風說真話：

「汪課辛苦了！基本上大家運用我所談的外段取、內段取等手法做得很不錯，不過我有個問題想要確認清楚。我們換模時間降了這麼多，那麼具體成績在哪裡呢？」

「就...就是讓換模時間從每回60分鐘降為15分鐘。」汪課長有點不知所措的回覆。

「我知道，不過如果我是總經理，我可能會更在意實質的效益會在哪？如果少了45分鐘，那可能每天產能可以增加多少？還是原本需要加班的時間就可以節省加班費呢？」我補充說明，同時也讓台下其他幾組的主管們了解概念，總經理在旁邊也立刻點點頭表示贊同。

「我們這邊本來就沒有加班的狀況，不過產能的部分我可能回去還要再了解一下。」汪課的積極度馬上知道該如何調整不足之處。

我走上台拿起白板筆，畫起圖表一邊解釋：「如果一開始我們就沒有加班狀況，訂單沒有增加的情況下，如果我們本來一天換線一次，在總換線時間不變的情況下，我們可以改成一天換線四次，生產批量就可以降為原本的 25%。例如原本一天只做 A 產品 10,000件，現在可以做 A.B.C.D 四種產品各 2,500 件，讓你庫存大幅下降，對公司就是資金積壓降低不少。」

總經理這時點頭已經不只搗蒜，大概連椰子都可以敲開了 (笑)。

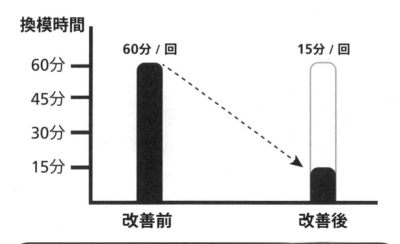

改善目的是經營具體績效

節省的 45 分鐘是：

- 投入生產增加產量？
- 減少加班時數？
- 換模回數增加批量減少？

以上是真實會議情境，最後汪課長會後立刻重新安排生產排程跟批量，成功讓沖壓半成品區的庫存降低一半以上，所以說這是個價值新台幣 500 萬的會後指導意見。

如果沒有雞婆的提醒：

> **那麼這個改善案只獲得手段上的成功，**
> **卻會是在目的上的重大失敗！**

✕ 先談目的，其餘再說

不論企業或個人，一定是先起心動念，才有後續的行動配合。

> **然而目的多半來自於什麼呢？**
> **痛點（問題解決）或爽點（課題挑戰）。**

痛點就是企業現在所面臨的挑戰或難題，例如出貨延遲、加班多、不良品多等問題。爽點則是現在不做以後一定會後悔的事情，例如增加庫存週轉率、提高生產效率、消除浪費等。目的先抓緊，讓組織全體成員產生共識，有共識後大家才能共事（單押 x1）。

> **更好的做法是讓目的擁有一個明確的檢驗標準，**
> **特別是量化的指標，才更容易被遵循。**

目的不同，看到的問題也就會不一樣。「啊，好像稿紙似的。」「我看倒有點像稿紙。」「真像一塊塊綠豆糕。」以前國文課本《雅量》一文就曾告訴我們，買了衣料就是衣料，如果不明確定義清楚，讓公司同仁們各自發揮，那麼反而會收到反效果。

✕ 目的單一，手段多元

前面提到我們必須先針對公司現有的問題去解決，或是面對公司未來挑戰或難題去克服。這個時候必須注意集中火力針對單一目的去努力，不要一心二意。例如既想要降低庫存又想要提升品質，明明是不同議題，卻想要在相同時間、相同團隊成員中一起推動，就有很大的機率會無疾而終。

> **目的要集中火力，目的不能多元，**
> **因為會讓團隊無所適從，但是手段就不一樣了。**

就像今天我們想從台中到台北（目的單一），但交通方式上卻可以有非常多的選擇（手段多元），可以搭高鐵、計程車、坐火車、坐客運、自行開車、騎自行車、步行，甚至獨木舟沿台灣海峽北上等瘋狂方式。

如果我們再把目的聚焦得更清楚，是想在早上八點時從台中到台北參加一場十點開始的會議，那麼限縮資源下，我們對於手段的選擇就會更清楚，要嘛搭高鐵，不然就看有沒有辦法遇到《終極殺陣》中開計程車的丹尼爾了。

⚔ 本末倒置，資源錯置

回到本文一開始汪課長的故事，請別怪我這麼市儈，開口閉口談的就是效益、成本、庫存、費用。

> **如果企業日常運營動作無法連結到實質績效，**
> **那麼都是有疑慮的。**

你說 CSR？那是另外一個領域議題。簡單來說我們要的不是讓老闆感動，而是要讓公司省錢、賺錢才是正義。

⇨ **快速換模換線是手段，降低庫存才是目的。**
⇨ **降低人員疲勞度是手段，穩定生產效率才是目的。**
⇨ **重整產線 Layout 是手段，提升物流效率才是目的。**
⇨ **提高人員作業編成率是手段，提高產能才是目的。**
⇨ **強化治具精度是手段，降低產品不良率才是目的。**
⇨ **4S 活動是手段，提高找料效率才是目的。**
⇨ **大部屋化活動是手段，縮減所需人力才是目的。**
⇨ **備料員制度是手段，提高產線生產效率才是目的。**

如果我們只是單純縮減換模時間，看到 60 分鐘變成 15 分鐘就拍手鼓勵，那麼三個月後最有可能看到的情況是什麼呢？因為縮減時間對現場的評價沒有什麼差異，既不用加班也沒有降低生產批量、提高換線次數，所以慢慢地 15 分鐘變成 20 分鐘，20 分鐘變成 30 分鐘 ... 最終我們回復到最初的 60 分鐘。

1-7

改善不是照抄就有用？
你還活在「中體西用」的年代？

從 2011 年開始，我在中華精實協會每年都會安排規劃一趟五天四夜的精實管理見學之旅。

近十年來總是年年爆滿，每年一整團 40 多位的台灣各企業老闆、經理人們，在我們的安排下前往日本愛知縣的豐田汽車元町工場或堤工場、愛信精機（世界 500 強，豐田集團公司）與電裝（世界 500 強，豐田集團公司）的第一線製造現場觀摩，同時與對方高階管理群們會談交流。

因為台灣方面每年參與的公司大不相同，可能有汽機車相關、食品業、科技業、手工具業等跨產業，所以我都會安排大家在每日回程的遊覽車上分享心得，以下是我幫大家整理過去十年來參訪心得排行榜的前三名：

⇨ 我覺得他們工廠裡的無人搬運車（AGV）好厲害，讓工作節省非常多。

⇨ 他們的 1200 噸沖床怎麼可以都沒有聲音？

⇨ 工廠裡面大家都好自動自發，然後各種螢幕、燈號指引工作好方便。

不知道為什麼，我每年在車上第一時間聽到這些意見時總會想起歷史課本，課本中曾提到 1840 年鴉片戰爭後，滿清政府中有許多有識之士們看到歐美各國的強大後紛紛提出各種改革的思想法則，例如魏源的「師夷之長技以制夷」，與後續洋務派運動大將張之洞的「中學為體，西學為用」都十分有名。

然而有名不見得代表有用，結果論來說對於學習「夷之長技」並期待能夠趕上船堅砲利的滿清政府來說，最終還是多次吃下敗仗甚至最終遭受推翻的命運。

站在一百五十年後日本的土地上，仍舊需要誠實面對在製造領域上我們仍在找尋一條富國強兵之道，但是前人犯過的錯誤，我們可以透過不斷反省實踐而避免。

因此每年在遊覽車上聽完所有團員們的心得後，總會留下後面這三個重點希望給大家帶回。如今，我也希望能夠在書中把這樣的想法提供給各位讀者們參考。

你可能參加過各種工廠觀摩活動、看過許多報章媒體對於明星企業的報導，但在照抄模仿之前，這三件事情請您想清楚。

✖ 了解立足點的差異

日本豐田汽車 2017 年度在日本生產近 287 萬台乘用車，相較同期在台灣則是生產 12 萬多台。當許多企業看到豐田汽車在管理上的高效率，如果只是想照單全收，硬是把一個流生產、後補充方式、看板管理等導入自己公司，那就像是削足適履般的痛苦。

依照我過去在企業輔導過程中實際看到的立足點差異有哪些呢？以下列舉提供給大家一一檢核參考：

⇨ 豐田汽車是客戶端（中心廠），你是供應商還是客戶角色呢？

⇨ 豐田汽車單一車型（產品）單月就有破萬台的需求量，你家產品的需求量呢？

⇨ 豐田汽車對於材料供應商有議價能力，你能夠對中鋼講話大小聲嗎？

⇨ 豐田汽車的工廠只做豐田的車，你公司有多少個客戶需要應付？

⇨ 豐田汽車與供應鏈有密切且穩定的關係，你覺得你公司跟廠商的關係呢？

我們看到的是 21 世紀初期起豐田汽車的強盛，但此刻的它已是航空母艦等級，如果你所處的公司還是艘小漁船，那麼與其追求船堅砲利，倒不如想好怎麼才能漁獲滿艙會更加實在。

當你認清自己的現狀與模仿對象的差異時，才有辦法避免腦袋一頭熱地只想全盤複製，而是能夠謹慎地知道立場的不同，進而擷取到真正的重點。

✂ 知道工具的適用性

如果能夠先體認立足點的不同，後面我們才能冷靜地檢討各種管理手法、設備機器等工具的適用性。

例如前面所提到的，許多人會羨慕日本豐田汽車導入大型設備時的完善規劃與配套工具，但如果日本豐田汽車的堤工場年產 37 萬輛，台灣國瑞汽車年產 12 萬輛，相差三倍的產量。我用一個最簡

單的算數解釋規模差異造成的影響，例如 1200 噸的沖壓設備如果在日本設定兩年為設備攤提年限，那麼相同的標準放到台灣就需要六年才能攤提完畢。

可是瑞凡，一台車的改款規律大多為「兩年一小改，四年一大改」，你說設備或模具要花六年才能攤提完畢，下一款可能都已經上市了耶？

又或者在日本、中國大陸的製造廠因為生產數量多，他們需要的是高速生產的設備為主要訴求。然而如果在台灣的生產量僅有日本的三分之一，那麼照抄購買相同的設備反而會適得其反，要嘛產生過多庫存，或是要嘛讓設備稼動閒置。

就好比你的電視只有 VGA 接頭，卻買了 PS4 電玩主機回家一樣，得不償失！

所以這幾年我們在台灣輔導企業時，不斷提醒經營團隊要選擇適合自己的機器設備、管理原則。

> ***單純照抄不叫改善，因為「改」這一字***
> ***就是要提醒你針對需求做出調整才謂「改」。***

關注管理的大原則與小細節

當我們清楚了解立足點的差異（市場環境、趨勢及自身優劣），同時也謹慎選擇適合自己的管理工具、機械設備，這些都做到後你可能會想問：「向標竿學習是件好事，那究竟我們要學什麼呢？」在這邊我建議大家可以關注一大一小兩個原則。

大原則：萬變不離其宗的原則

面對製造或服務流程，企業是怎麼做到順暢不停滯中斷？如何讓人與設備的效率最佳化？需要的東西如何在需要的時候只提供需要的量？這些問題不論是工廠老闆、醫院經營者或是物流業者都是想一探究竟的管理原則。

「轉化」是個過去十年內我在顧問生涯中所獲得的最重要能力，因為隨著看的企業越多，就會發現大家所在乎所努力的方向其實都很相似。因此如果說要向標竿學習，那麼這些績優企業如何應對這些通則性問題就是一個值得參考的地方。

小細節：因地制宜的細微小處

如果你仔細觀察，不論是企業參訪或是在巷口吃個陽春麵，都能夠讓你有所收穫。

例如近日我到海底撈火鍋用餐，看到他們為了增加翻桌率，而做出一小時內用餐完畢打七五折、90 分鐘內用餐完畢打八五折的措施，就讓我覺得也許用在某些以販賣服務時間為主的企業就值得借鏡參考。

又或者去年底我對日本豐田汽車廠房內所懸掛的大型鏡面半圓球感到好奇，後來駐足觀察就發現這是取代路口凸面鏡的功能，因為懸吊半空的視野更好避免死角產生。或是在堆高機前端用雷射筆投影出安全範圍距離等等。都讓我回到台灣後向許多企業分享這些極具巧思創意的安全提案。

單純照抄，只是模仿，不是改善。還請各位回到自身工作或企業時，務必記得這件事。

1-8

提案改善制度？沒有 Top-down
不要跟我說 Bottom-up

「江老師，我們想要在公司內部推提案改善，希望透過這個方式讓現場有機會反應自己的想法與建議，當然也要讓公司能夠因此越來越進步。」方協理作為台灣某醫療器材製造廠的二代接班角色，她透過朋友推薦及網路搜索找上我們團隊，希望能夠替公司下一個黃金十年建立內部經營管理的良好體質。

「那公司對於改善提案有打算具體要怎麼做嗎？」我在公司會議室內丟了顆直球進行對決。

「目前就是希望讓各單位每個人都能夠自己提出想法，所以我們並不會侷限主題，希望大家能夠至少一週提出一個提案，不分題目大小或部門別。」協理坦率地說出她的想法。

「協理，這樣母湯（不行）啦！坦白說，如果一開始就走提案改善制度，半途而廢、無疾而終的例子真的很多⋯⋯。」

當天現場還原就到這邊，你可能會納悶明明在許多報章媒體、管理書籍都會提到豐田汽車之所以能夠獨霸一方，在於他們擁有來自現場質量兼具的提案改善制度：「創意工夫提案制度」，方協理說得沒錯，就是讓現場每個人能夠提出自己工作上不方便、不滿、不安等問題，進而逐項解決，讓效率、品質提高的實戰派作法。

　　但為什麼我聽到後卻在第一時間就不建議他們這麼做呢？以下是常見的三種失敗原因。

✂ 沒有框架就漫無目的漂流

　　其實上文所提到的場景並不特別，相反地我還見過不少呢！

　　許多企業老闆或中高階管理者總會覺得讓現場自行提出問題是一種「開明」的作法，甚至搭配提案獎金的發放，於是一時之間洛陽紙貴，提案單被搶奪一空，幾日後賞金獵人們繳回的獵物可能包含「廁所日光燈不夠亮」、「茶水間的茶包可以換牌子嗎？太難喝影響工作效率」等。

　　作為管理者的你覺得真心換絕情，為什麼大家拿你的開明當玩笑？但現場反而覺得你口口聲聲說要大家放開心胸提出問題，怎麼翻臉不認帳？於是本來的一樁美事到後來變成公司的裂痕。

　　自從有了兩個寶貝小孩後，跟老婆一起負擔教養的責任時才懂得：「所謂的自由是建立在嚴謹的規則建立上。」

　　「吃飯時要坐在椅子上」是我們一開始就刻意表現出的習慣，讓小孩適應，而不是等到他們亂跑，大人在後面拿著湯匙跟碗拜託他們吃飯時才要他們坐回椅子上吃飯。「在停車場就一定要跟爸媽牽手」是在安全前提下不能退讓妥協的規則，至於其他時候讓小孩追趕跑跳碰，則是他們探索世界的過程。

　　回到提案改善制度，如果在一開始沒有目標明確、規劃周詳，那麼就很容易一開始就陣亡。

　　舉例來說第一季請各單位在自己的工作範圍內針對「安全」進行提案改善，第二季則是「品質」，第三季針對「工作困難處」...等。

如果一開始沒有把航向設定清楚，那麼公司就會像艘漫遊宇宙中的太空船，內部作了許多「功」卻無法推動大船前行。

⌘ 出一張嘴批評不如想方法

另外一種常見的失敗場景是公司明明有限定框架，讓各單位在各自工作範圍內發揮，但僅要求每個人設法提出問題，卻沒有要求大家針對問題提出自己的改善想法、對策。

「台灣不缺抱怨的人，缺捲起袖子做事的人」你可能對於這句由知名講師、主持人謝文憲（憲哥）提出的金句感到熟悉，那是因為打開電視從第 50 台到 58 台，政論節目的名嘴們針砭時政時頭頭是道「這樣不行」、「那樣不對」，但卻沒有太多實質解決方案產出，因為他們會說「這是執政團隊、行政組織應該正視的問題，請積極面對不要逃避」。

公司如果僅是讓大家提出「這樣不行」的方案，那麼誰都做得到。但如果是要讓公司在經營端成長、在人才面育成，那請務必別忘了在提出問題的時候請告訴大家「怎麼樣才可以呢？」的答案回覆，並且透過自己的雙手去驗證可行性，成果才是真正能拿出來的證據。

⌘ 主管的回饋機制是否健全

刮別人鬍子前也要想想自己鬍子在不在，最後一種常見的失敗原因就是公司老闆、管理者們自己也玩半套。

雖然每個管理者平日公務繁忙，要查核確認的事情多又辛苦，但只要「你認真，別人就會當真」。

　　謹慎評價每個團隊成員的提案可行性，了解背後的原因，透過反覆的交流建立彼此的信任感。下屬覺得這是個直接且可信的回饋管道，你知道這是个隱晦而真實的問題顯現，如此一來就能夠推動正向循環，解決越來越多的問題。

　　勿以善小而不為，仔細且慎重的面對每一個改善提案，這才是這個制度希望建立的團隊文化與價值觀。

❈ 先求 Top-down，才有 Bottom-up

　　台灣福興（9924）是全球最大的門鎖製造商，同時也是我們長期合作的客戶。朱總經理就曾分享他們公司是怎麼推動精實管理的改善活動，我覺得非常值得各位借鏡，因此特別寫出來跟大家分享。

　　推行精實管理時是 Top-down，由管理團隊主導設定題目、確定目標、挖掘問題、思考對策並執行，當然初期會遇到公司各級同事對於改善的抗拒，但因為管理階層的強力支持與決心，讓大家不得不確實執行。

　　然而兩三年後，當大家把精實管理內化成工作習慣甚至管理常識時，取而代之的是更多的 Bottom-up，有許多第一線同仁更接地氣、更直接的建議與想法會浮現出來。

　　日本武術很常提到的「守•破•離」概念，其實就很適合公司推展各種活動改變時應用：

> ⇨ 「守」：依循師父的規則，明確執行
> ⇨ 「破」：在規則下加入自己的想法與經驗
> ⇨ 「離」：順應趨勢或環境，發展出新的戰法

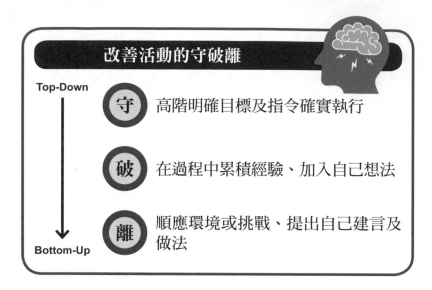

所以別再說要讓大家暢所欲言，別再只是一廂情願的覺得說說就可以建立避免一言堂的環境。

> **如果公司或團隊連最基本的目標及標準**
> **都無法建立與執行，就放手讓大家自由發揮，**
> **到最後肯定會成為一場難以挽回的災難。**

　作為管理者，Top-down 不是權威獨裁，而是你不可逃避的領導責任。Bottom-up 則是在一定實力基礎與成果展現後，你作為管理者所能回饋的甜美果實。要怎麼收穫，先怎麼栽！

第・二・章

消除浪費

2-1
團隊成長是管理者
不可逃避的責任

先把警語說在前頭，這篇文章語氣偏重，如果您是企業經營層或公司主管階層請謹慎閱讀，避免玻璃心破碎。準備好了嗎？以下是正文開始：

如果我說企業顧問就像是老師的角色，我想應該蠻多人能夠同意我的說法吧？畢竟都是憑藉專業，透過教學帶給有需要的人學習成長。如果企業顧問是老師的角色，那麼公司團隊應該就是學生的角色，而企業經營層就如同學生家長的存在。

畢竟學生家長總是望子成龍、望女成鳳，老闆自然也希望公司內部每一位同仁都能夠好好表現，成為優秀的人為企業成長盡份心力。但這中間，家長的角色其實非常重要。

❈ 有效成長的關鍵是高層參與度

聯華食品是我長期擔任顧問的企業，在本書中已經提到數次，但就是因為他們的難能可貴才足以讓大家學習。也許你會很好奇我們輔導的過程，為企業創造了多少效益？才讓他們願意長期合作？又是使用了什麼樣的工具、系統、套路、觀點才能夠讓對方信服？

如果你想知道數據化的指標成效，例如在庫存低減、空間騰出、人力釋放等構面，總計有超過 8 位數新台幣的效果。談數字不傷感情，只是我們更在意在數字下所隱含的無形成果。

因為在聯華食品經營團隊的積極參與，加上我們的輔導指引下，我們創造了一個「體系」，讓所有員工能夠使用的共同溝通工具，以及面對問題的敏銳度，還有解決問題的手法能力，讓聯華食品形塑一個能夠自給自足的生態圈，就算面對外來競爭或挑戰，相信都有力量足以回應。

> **而能夠形成這樣的體系，**
> **重點就在於「高層參與程度」。**

以我過去近十年在兩岸企業超過 200 家以上的診斷、輔導經驗來說，如果你要問我有沒有什麼秘訣能夠快速判斷一家公司成功失敗，我會偷偷告訴你，當我第一次踏入對方公司會議室，我就只看列席人員，大概有 87% 的正確判斷比例。

如果對方沒有協理以上等級參與（副總層級以上尤佳），往往改善活動會面臨基層抗拒、溝通不良、進度緩慢等問題。而聯華食品打從 2013 年開始，超過 70 回的輔導月會，總經理、副總及協理群幾乎無役不與，你要說御駕親征讓團隊士氣大振也行，或是讓團隊每個人皮繃緊也好，成果就擺在這。

別馬上就扣給我一頂「外部顧問就只會高來高去」的帽子，我的確很實際在闡述一家企業組織推動任何活動，都需要經營層的支持。

更別說企業裡存在許多「風往哪邊吹，哥往哪邊倒」的騎牆觀望派，一個中大型的改善活動，往往是經由跨部門、跨階層的合作而得。之所以需要高層參與的用意在於決策定奪，兵貴神速是因為指揮體系的暢通與即時，如果大小決策都會聽到：「這個想法我這邊可能需要跟我們主管再確認一下再回覆您。」

那敵人都已經兵臨城下了，高層主管你還在「朕非亡國之君、汝皆亡國之臣」之嘆也無濟於事。

就像教育並不是把孩子丟給學校的呼籲一般，台灣家長多以為教孩子是老師的責任。其實推動改善活動也是一樣，不只是企業顧問的責任。如果你問我最怕遇到什麼樣的企業客戶，「付錢了事」的老闆絕對是我最害怕的型態。

因為這種作法會遇到以下這三種問題點，也提供給各位想推動改善的老闆或經理人們參考。

高層不參與造成反饋時間拉長

如果老闆或任何對決策有實質影響力的主管不能親自參與，那麼對於改善活動最直接的影響就是反應時間會變得很長。

每次開會，外部顧問提供的意見或作法，都會得到公司團隊的一句：「這個我們沒辦法做決定，回頭我跟主管報告一下再說」。

要嘛時間拉很長（兵貴神速啊大哥），不然就是主管因為沒參與所以聽不懂、搞不清在做什麼，最安全保險的作法就是打回票。如此一來，前面大家花費的方案討論、現場研擬等都輕易泡湯。

委託代理難以全力以赴

曾有企業高層問我說：「顧問，你有承接政府專案嗎？」他貼心地怕我聽不懂，還解釋說：「就是那種政府補助 50%，廠商自籌 50% 的案子。」我回答他曾經做過，但後來決定放棄，把顧問工作珍貴的時間放在更好的選擇上。

為什麼我會這麼說？

因為企業方無需全額支付顧問費，所以不會珍惜這樣的合作機會。同樣地，如果公司老闆又把這樣的專案委託給內部主管代理，主管們也不容易認真執行。

《鋼之鍊金術師》裡提到的「等價交換原則」，唯有你付出重要的代價，你才會把你的注意力放在上面以交換等值的成果。

主管不追蹤，員工就會好吃懶做

你作為主管，用心在公司規劃讀書會、品管圈、課程，或是直接聘請外部顧問進行指導，希望能夠為同事們提供更多的學習資源，期待大家吸收後能夠為己所用，在自己的工作領域創造更大的價值。

> *但是就如同社福補助如果無限制的提供，*
> *反而造成「養懶漢」現象一樣，*
> *唯有公司老闆或主管持續追蹤其效果，*
> *才能避免如同煙火般絢麗卻短暫的效果。*

2-2
不要當報表怪獸，
現場才是你的對手

網路的快速傳播，讓所有人能夠更快地接獲世界上許多新訊息，但這也衍伸了許多真實性的爭議問題。跟大家分享一個知名案例，事情發生在 2014 年的七月，Jay Branscomb 在臉書上刊登了這麼一張照片，照片中有一個人依靠在一隻看似死亡的三角龍身上，訊息敘述並寫著：「這是一張可恥的獵人及他剛剛屠殺三角龍的照片，請分享！好讓全世界找到這個可恥的人類。」

消息一出，有四萬多則分享，許多人大力撻伐並且寫下諸如此類的回應：

可恥，難怪恐龍會絕種，這樣病態的人應該被關在監獄裡 ......

他才該死，美麗的動物活了幾百萬年，結果就被他殺了 ......

可是瑞凡，照片中的人是 Steven Spielberg（史蒂芬史匹柏），他是《侏羅紀公園》的導演啊！再說恐龍已經滅絕在世界上超過六千六百萬年了。當然，我們也都能猜到分享或回應的網友當中有部分是故意搞笑而為之，但也不能否認同樣也存在人云亦云的沉默螺旋。

當然你還有可能會說：「這不過只是網路世界而已！」，但其實

回頭看看企業組織的決策過程或是問題分析能力，同樣也非常容易受到資訊或是情報的真實性影響，或是在傳遞過程中失真，甚至是分析者解讀問題的角度不見得正確。

✂ 三現主義，到現場去解決問題

正因為有以上這些風險在，所以我們所常見的日本知名企業，特別是豐田汽車，都非常強調：

> 「現地」、「現物」、「現認」的三現主義。

什麼是現地？

原訂的出貨時間有所延誤，客戶方面針對公司罰款。相關單位的檢討報告怪罪現場人力編制效率不彰，但現場實際觀察所發現的問題，是在換模換線過長所導致生產延誤。

什麼是現物？

公司產品送到客戶手上，整批貨因為品檢未過而被退回來，老闆在會議上大發雷霆。此時製造單位跟品管單位砲口一致，把問題推給設計單位，認為是之前設計變更所造成。但其實在現場我們看到的，反而是製造過程中因為設備加工的位置偏移，造成產品精度尺寸跑掉。

什麼是現認？

庫房的零件突然斷料，讓製造現場停線超過兩天的時間，最後是靠緊急空運應急。採購單位說「明明 ERP 系統裡面這個零件就還

有這麼多」，結果原來是製造現場之前領料後並沒有確實扣帳，料帳不符才釀出大禍來。

像是上述的例子，在過去進行企業輔導的過程中屢見不鮮。原因就是企業隨著規模擴大、資訊系統的建置、管理人員的升遷等。

> **各單位間出現越來越多的報表、單據、系統數據等，但這些都會讓大家逐漸遠離第一線。**

想像一下，你經營一家咖啡廳整天只窩在櫃檯裡面磨豆子，從不觀察客人聞到咖啡香味時的表情、不看喝下第一口時的真實感受，也不觀察餘韻給客人的刺激，甚至不知道客人喜歡搭配何種甜點蛋糕，你要如何能夠掌握消費者接受服務時的喜好及行為呢？

而身為製造業的主管，不到現場實際觀察人員與設備動作、不去倉庫了解庫存實際情況，這些表現其實都會讓主管及下屬們日趨麻木。

�֍ 最有效率與品質的流程，來自於現場訪查

試著回想一下，在你的公司遇到品質問題時，會如何解決呢？多半看到的都是總經理召集品管、製造、生管、業務等相關單位，大家在會議室裡聚精會神、有志一同檢討本次問題的原因、對策。

而如果要說我曾經到日本豐田集團研修一年多最大的震撼是什麼？

> *我會說是「現場」深植人心的威力。*

當接到客訴回覆時，公司上至廠長，下至產線主管，不用特別交代，大家都集合到發生問題的產線，直接在產線上檢討問題對策。因為除了不良品本身呈現狀態外，機器設備的運轉狀況及條件設定、作業人員的工作手法、物料零件的溯源等等都是變因。

現地、現物、現認的三現主義造就了日本工藝的成績。

你是不是也曾聽過「現場」的重要性，但自己到了現場卻常常無所適從。究竟到了現場應該要看什麼東西？要怎麼看呢？在這邊我特別提供三個重點給各位參考：

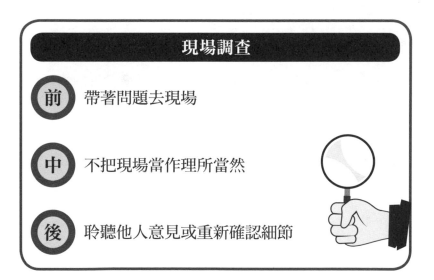

現場調查

前 帶著問題去現場

中 不把現場當作理所當然

後 聆聽他人意見或重新確認細節

✄ 帶著問題去現場（事前準備）

到現場不是參加旅遊團，走過、路過卻一再錯過。

如果你只是帶著一顆籃球隨意的在球場上各個位置投籃，那麼就算有一萬小時也不會讓你成為 Stephen Curry。「刻意練習」透過設定各種問題逼自己應付，才有辦法找出弱點而成長。

帶著問題到現場也是相同的概念，每當要到現場前，可以先設定今天的重點是針對設備狀況進行確認、注意物料在庫位存量多寡，亦或是間接單位的流程耗時呢？

帶著問題，那麼到了現場就可以針對問題來發現可能的解決辦法。

✄ 不把現況當作理所當然（執行階段）

在新北市萬里區的某家汽車鍛造件製造廠，在顧問推動改善時，就曾經針對產品需要經過二次打砂作業（除鏽）的流程提出質疑。

而內部團隊也很努力在現場針對這個已經流傳十多年的作業方式尋找線索，這才發現，原來是因為磁探作業後的半成品堆疊造成。

於是公司試著將作業區域整併，取消半成品堆疊後，讓流程直接簡化取消一次打砂作業。不僅減少人力需求也降低半成品庫存。

> 如果仔細分析現場，你可以發現即使是行之有年的作法，也有翻轉與改進的可能。

✂ 詢問他人想法或重新確認細節（事後檢討）

對於巡視現場後覺得仍有疑惑之處，不要輕易放棄。

首先最值得徵詢的就是第一線的想法，因為他們是所有方案的執行者，如果我們自覺 100 分的作法在現場推展時卻只得到 50 分的回饋，不是指責對方的不是，相反地更應該檢討自己。

在凱馨實業雞隻分切作業後，人員需透過觸碰筆點選螢幕，列印相對應規格的標籤，透過現場作業員的回饋後，這才發現容易有重複列印、點選錯誤的問題。

正因為有第一線回饋及細節的確認，因此迅速進行修正，而讓因標籤出錯造成入庫品項數量需重新確認這個問題得以解決。

發生問題時，不論有再多的檢討報告、資料或數據，身為管理者的你如果能夠親臨現場查看，用眼睛檢驗對錯、用嘴巴詢問證據、用耳朵聆聽意見，不僅會讓自己的決策品質更加提升，更能夠讓員工對管理階層產生信任感及患難與共的團隊氣氛。

別再當報表怪獸，現場才是解決問題的對手。看完這篇了嗎？一起到現場走走吧！

2-3
浪費不是我以為，價值是客戶說了算

「顧問，可以請問一下嗎？」王課長很客氣的舉起手，在我完成這家電子檢測設備製造大廠的診斷會議上，我看得出他壓抑在禮貌語氣下的困惑與憤怒。

因為我在五分鐘前才在他們家董事長、總經理及一級主管面前，提出我對於他們產品製造流程的問題指摘及建議，身為製造單位主管的王課長其實當我還在侃侃而談時，就已經欲言又止了。

「沒問題啊！你問。」過去幾年大大小小的企業會議參與經驗，讓我心中大概知道他想說些什麼。

王課長站起身來臉漲紅地說：「顧問你剛才說我們很多組裝到一半的設備都是浪費，可是不管從生管單位的排程、品保單位的要求，這些都是必要的程序。」然後他吞了吞口水：「怎麼你一來就說我們這樣做不行，明明我們也都有在賺錢。」最後他小小聲的嘟囔著。

我笑了笑，王課長應該是第 625,914 個對我說過類似話語的企業主管。其實每個人都一樣，要你突然改變作業方式，或是有人處心積慮地想要告訴你過去的作法不行、有問題，你肯定也會產生抵抗的心理。

　　所以我們就要來談實際點的東西才能讓王課長信服，你說我們就從過往企業界很常使用的人（Man）機（Machine）料（Material）法（Method）-4M 來談起？不，我們先來談談「你有夢想嗎？」啊，對不起那是安麗。應該是：「你知道什麼是產品的價值嗎？」

✖ 什麼是產品的價值？價值分析法

　　如果你公司做汽車鈑金件，那麼客戶買單的是你把板材沖孔、成型的能力。如果你賣起士蛋糕，那麼我們買的是你攪拌麵糊、烘培成形、包裝運送的能力。

　　有沒有發現當我們站在自己的角度去看自己所創造的價值時，往往會落入自我感覺良好的窠臼中。這就像一張我很喜歡的諷刺漫畫一樣，父母站在嬰兒床邊看著新買的安撫玩具，是四隻會繞圈圈的可愛動物，爸媽開心的說著：「你看！我們家女兒多喜歡這個新玩具。」而漫畫右側小女娃的 o.s. 是：「把那東西給我拿開，我不想一整天只看到那該死的屁股。」

　　今天我們來用個更簡單的方式來檢驗產品製程中的「價值含量」，甚至可以說是我過去診斷超過 200 家以上企業的不傳之祕：「價值分析法」。

　　首先我想先問看看大家，你知道公司產品從原材料投入到成品產出的流程中有哪四種狀態存在嗎？先好好思考一下，不要輕易的就說出固態、液態、氣態，況且這樣還缺一個（你才變態，你全家都變態）。

> 答案是：搬運、停滯、加工、檢查，而我們就
> 要從這四個流程來分析如何創造客戶的價值。

	搬運	重點	必要，但無附加價值
		對策	設法縮短或消除
	停滯	重點	犧牲公司機會成本，投入無法轉成收益
		對策	減少生產採購批量，需要東西在需要時只生產須要的量
	加工	重點	客戶付錢的原因
		對策	消除浪費、提高效率
	檢查	重點	非客戶要求的檢查，無附加價值
		對策	品質靠製造出來，而非靠檢查補救

✂ 「搬運」的價值分析

搬運是一項企業在內外部流程都必然會發生的作業，除非你公司所有人都念過霍格華茲，拿著魔杖，嘴巴唸著「速速前」，東西就會自己跑到面前來。

不然你終究都需要依靠人力或設備來完成 A 點到 B 點的搬運作業。然後搬運就像你的 PS4 一樣，對你來說很重要，但對女友（客戶）來說卻沒有價值。

我常在企業輔導或是授課時會告訴大家一個最簡單的問句句型，來檢驗是否有價值這件事：「□□在我們公司內花了很多人力時間，價格上我們可能要加 5 塊。」請問你覺得客戶願不願意接受你的這個說法？

如果拿搬運來說，就會變成：「搬運在我們公司內花了很多人力時間，我們 20 台堆高機、32 位搬運工在負責廠內大大小小製程間的搬運，價格上我們要把單價加 5 塊錢。」

這時候客戶修養好一點的會說帶回去討論看看，直接一點的會直接告訴你：「關我屁事？」所以搬運這事我們必須做，但卻要謹記對客戶來說是沒有價值的、不會買單的。

✂ 「停滯」的價值分析

不論原料、半成品或完成品，公司內部流程中總是充斥著各式各樣的停滯，原料放在倉庫放到生鏽、變質，半成品發料到線邊倉卻沒能即時使用，完成品卻遲遲無法出貨。

簡單來說，物品的停滯狀態，犧牲的就是企業的時間成本，投入

成本卻遲遲無法轉化成收益。

而一般客戶並不會為此買單，所以停滯是沒有附加價值。

But！人生總有例外，有些產品雖然是在停滯狀態，但其實是在進行「轉化」（加工的一種形式），舉例來說紅酒、普洱茶、醬油等的停滯狀態，反而對客戶來說是有價值的。

或是像前客戶東立物流，在台北港進口各家車廠的車輛，再送至經銷商前的車輛停放雖然屬於停滯狀態，卻因為能向客戶收費，所以反而是有價值的。

✂ 「加工」的價值分析

前面已經提過，加工泛指我們把原材料轉化成客戶需求產品的過程，既然這過程是客戶需求的產品，那麼自然是有價的，在此我們就不再贅述。

✂ 「檢查」的價值分析

嚴格來說檢查是沒有附加價值的，因為如果我們能夠在加工過程中就把品質給顧好，那麼就無需另外進行檢查。

但有鑑於許多電子業往往會在合約中就已經把檢查項目、方式及頻率議定好，那麼檢查就不能說是沒有價值的動作。

所以我們重新定義：「如果是我們因為擔心製程能力、保存條件等所做的額外檢查動作」，那麼這樣的檢查就是屬於沒有附加價值的作業。

　　雖然說專注完美近乎苛求，但苛求的應該是製程中對於品質的追求，而不是透過事後手段去完成。過去到中國大陸出差時，甚至還發現某些汽車零部件一階廠，進行百分之 300 的全檢，也就是製程中進行一次 100% 全檢，出貨前需要再次進行全檢，最後送到客戶端時還要協助客戶進行一回 IQC（進料檢查）的全檢。

　　你就能想像有多少成本耗費在檢查上，這些能不影響企業經營成本嗎？

　　諸君，請聽在下一言，浪費真的不是我們說了算，是來自於客戶的評價。

　　而今天介紹給大家的「價值分析法」，透過拆解流程中「搬運」、「停滯」、「加工」及「檢查」，帶大家了解何謂價值。

> **那麼我們在接下來的改善活動能做的，就是提高「加工」的占比，讓其餘三項的比例降低，這才是對於企業最有效的提升效率之道。**

　　最後，如果你是服務行業，也可以試著運用價值分析法去分析客戶從接觸我們服務到體驗完畢的整體流程，相信會讓你有意外的收穫喔！

2-4

不合理的要求是磨練？
何不簡單做、容易做？

「你各位爾後自覺啊！班長不合理的要求是磨練！」看到這句話有沒有讓你想要取板凳，置板凳，坐三分之一板凳，然後以眼就書仔細看我接下來要談什麼呢？

每家企業總是隨時隨地希望讓效率提高、品質變好，但如果只是單純用高壓暴政去壓迫第一線的工作方式，絕對會產生副作用，甚至是反效果的。我們今天要談的是豐田集團內部找尋現場改善的切入點之一：「無理（Muri）」。

> 顧名思義指的是當我們追求過於苛刻，
> 甚至要求不可能的目標時，
> 反而會傷害原有效益，甚至無法帶來附加價值。

2018 年一起貨車司機因疲勞駕駛未注意路況追撞正在執行取締作業的國道警察，造成警員兩死案件，就是血淋淋的真實印證。其實這家貨運公司對於所屬司機的嚴苛要求（工時、開車時速等，例如案件中該名司機已連續工作 22 天），我早已有所耳聞。如果一家企業是透過壓榨勞工的方式獲取資方最大效益，那麼成本外部化

的結果就是全民受害，像是業務過失傷害、業務過失致死的案件在這家公司層出不窮，數字背後心碎的是好幾個家庭一輩子的淚。

你可能會問說「可是到底什麼叫做不合理，這應該因人而異吧？」

的確，不合理本身就是一個形容詞，所以如何解讀合不合理在企業界有時會看老闆臉色而定。畢竟如果你在呂布軍中七進七出、出生入死，老闆可能覺得：「這有何難？我也可以」。場景換到劉備軍中，你七進七出救出劉阿斗，劉備見到你定會痛哭流涕把小孩丟地上說著：「為汝這孺子，幾損我一員大將！」你在公司裡如果大老闆覺得你差強人意，小老闆對你非常滿意，你一定黑人問號。

那我們究竟怎麼判斷什麼叫合不合理呢？

員工怕麻煩：造成身心負擔

我們曾在 2013 年時在台灣最大輪圈製造廠做過一個前後製程合併的改善案，以前作業員需要把輪圈從 A 機台取出後放入 B 機台，看似簡單的作業一天要做 1000 次以上！重點是輪圈它一顆重達近 20 公斤！

簡單換個單位來呈現，也就是現場的大姐阿姨每日需要有負重 20 公噸的體能表現。那時我們不禁跟公司主管開玩笑表示，以後中華隊要培訓舉重選手不用在左營訓練中心，直接到公司來上班就好。後來每當我們到現場去，這條產線的大姐總是開心的跟我們打招呼，因為我們讓她減輕了許多工作負擔。

其實不論什麼樣的工作讓誰來做都會有煩惱，很多時候大家之所以不說是因為：「以前開始就都一直這樣做。」習慣持續照舊。

> **"**所以尋求現場改善的切入點之一就是重視「不合理（**Muri**）」。那些讓大家害怕與麻煩的事，其實就是造成大家心理負擔或生理疲憊的工作項目。**"**

想要提高工作效率嗎？就是重視這些讓員工苦惱有負擔的工作，讓它們變輕鬆。

✂ 員工怕氣長：花費時間過長

某天公司老鳥突然從你旁邊的辦公桌站起來告訴你：「看我倒咖啡給你看。」於是把咖啡杯放在地上，用一片 DVD 蓋在杯口，慢慢地拿起咖啡壺懸空倒咖啡，每一滴從 DVD 中間的孔洞入杯，而 DVD 竟然絲毫未沾。你覺得哇！這太酷了！於是開口問老鳥前輩說：「要多久？到底？很老是不是？」老鳥輕蔑一笑「我亦無他，惟手熟爾。」

曾有某家公司的採購人員在輔導會議上大吐苦水地說：「其他單位永遠都不好好填寫採購單，所有內容我們都還要打電話一一確認，結果你們還跟我說以後會越來越快？」

我在旁邊聽完後點點頭贊同她所提出的問題，因為並非所有的工作都一定需要經驗火候才能熟練：

> **"**有時候我們應該檢討的是工作本身設計，而非放任人為的難易度產生。如果一項工作需

要花費過長的時間才能讓員工上手，這就不是種好的工作內容，有改善的空間在。

員工歡喜做甘願受：工作簡單做、容易做

我過去幾年不論在傳產製造業、餐飲服務甚至是房地產代銷等公司，都提倡工作設計應該要「簡單做」及「容易做」，這才符合現代就業環境潮流，更能夠讓企業適應變化。

過去我們熟悉於人在同一家公司內慢慢磨練累積戰功而晉升，甚至不太需要擔心離職問題，但現在職場流動性之高，對於所有公司內部工作都是一種挑戰。你能想像你生產出一堆村民、戰士，結果被對方僧侶招降而心力、時間血本無歸的感覺嗎？我還曾經遇過台資企業老闆哭訴底下員工 300 人，返鄉過年後只有 30 人回來上崗的悲慘經驗。這不會是特例，甚至將來有可能成為常態。

「簡單做」談的是工作流程、方法、工具的簡化。

如果可以用氣動扳手就不要用手轉螺絲。如果可以刪除、簡化、合併、重組的工作項目就不要客氣改下去。因為工作設計得簡單，就減少基礎技能養成的培訓時間，同時也注意人員長時間工作下的疲累程度，這樣企業面對人員流動或外勞聘用時，才能夠即時因應。

> *「容易做」則是面對第一線所反應的困擾、*
> *苦水時,設身處地協助思考如何能夠協助解決。*

　例如當公司年輕業務們都在抱怨公司 KPI 為什麼要設定每天拜訪客戶家數時,不是先倚老賣老說年輕人草莓不耐操:「我以前剛出社會的時候齁......(下略 500 字)。」

　而是協助了解為什麼他們會這麼說?背後的原因是什麼?可能 FB 廣告、Line@、Youtube 等社群軟體能夠達到更好的效果,只是過往公司不懂或不重視而已。

　如果有爽缺可以做,誰想要做「塞魁(爛缺)」?組織內部每個人都是趨吉避凶,不只是軍隊裡面才會有這樣的情況。作為企業經營或管理者的你,別再把心力放在抱怨一代不如一代,而是學習日本豐田集團進行現場改善時的作法:

> *找出「無理(**Muri**)」,不管是減輕作業者的*
> *身心負擔或是養成時間,讓工作簡單做、*
> *容易做會是根本解決之道。*

　加油!

2-5
不穩定到穩定輸出，
是公司成長的第一步

　　如果你有關注運動比賽，不管你喜歡看 NBA、中華職棒還是其他運動，是否曾經注意過有些職業運動選手是屬於「骰子型」選手？舉例來說像是美國職業籃球聯盟 NBA 中的 J.R. Smith 骰到六的時候連 Kobe 都能比下去，骰到一的時候失誤、浪投不斷，我想連他自己都不知道自己今天上場會虐殺對手還是凌遲隊友。

　　1911 年挪威及英國的探險隊分別挑戰世界首位攻上南極點的榮譽，挪威的探險家們每天不論天候好壞都推進 15 至 20 英里，然後英國的探險隊則是天氣好時盡全力趕路、天氣差時紮營不前進。最終挪威探險隊在 12 月成為第一支攻上南極點的隊伍，而英國呢？五位隊員全數在路程中罹難。

　　三天打魚兩天曬網的行動方式，無法養成團隊的紀律及執行專注力，遇到挫折或不順遂時就容易把問題歸咎到外在因素（氣候）上，屬於謀事在天的外控性格。而挪威探險隊則是代表光譜另一端的內控性格，覺得事在人為，透過要求自己而非看天吃飯，才能達到穩定輸出的表現。

　　回到我過去十年內曾經合作過的公司，不可能支支全壘打都有顯著的成長成績單。有的企業只想打針為了短期績效，然後日子長了

就說：「忙的時候說沒空做改善，不忙的時候說沒錢做改善」。

　　但有更多公司知道推動精實管理，是一條頭洗下去就不會停的歷程，可能第一年披荊斬棘、第二年逐漸積極，到了第三年花開遍地。根據我非正式的統計，截止本書出版為止，我手上合作超過五年以上的企業輔導案就超過八家以上，一起走過 2008 金融海嘯、2009 歐債危機、2012 油電雙漲、2014 日幣重挫、2017 一例一休到 2018 的中美貿易戰。不論外在環境如何變化，但這些公司總能夠持續且穩定的繳出優異的經營成績單。

> **"**
> **從運動比賽、探險故事到企業經營，**
> **能夠貫穿的成功字眼就是「穩定輸出」。"**

　　這就是我今天想要跟大家談的主題：從不穩定（MURA）到穩定才是公司成長的第一步。

⊗　企業內有多少不穩定？

　　回過頭來看，其實我們在公司內的每天有多少「不穩定」發生呢？

　　產線的每日稼動率有 30% 以上的差異。客戶端因為異物而退貨上個月沒有、這個月 25 件。有時公文老闆一天就簽下來，有時卻要拖個五天。

　　不管是生產製程或服務流程中的不穩定，往往會讓人們浪費各種無效工時、成本去處理，更甚者演變出各種因應之道又是第二重的浪費。

要追求穩定，控制外部因素自然是不太可能的事，除非你是美國聯準會主席，否則世界景氣變化、匯率調控都與你無關，更不用說有些意外更是無法預測，例如 2011 年的 311 東日本大地震等都屬於黑天鵝事件。

因此我們能做的就是把內部、可控的因素掌握好，如此一來才有辦法做到「他強由他強，我自一口真氣足」。

客戶怎麼說、市場怎麼變、廠商怎麼改，有時我們無能為力，但在自己能夠掌控的製造或服務流程中，我們就應該掌握清楚可控範圍及程度。

接下來就帶大家從內部流程中的四大因素：人（Man）、機（Machine）、料（Material）、法（Method）來關注如何排除不穩定因素。

⊗ 人（Man）：萬惡的根源

就像電影裡面 AI 人工智慧總是說著人是最大禍根，滅絕人類就可以拯救地球。

其實在企業組織內，老闆或顧問講師們都會說：「人，才是最大的問題」，的確沒錯。怪設備？設備是人買的、是人保養維修的。怪方法？方法是人制訂的、是人執行的。怪物料？物料是人採購的、是人驗收使用的。說來說去，好像人真的是最大問題，但究竟要從哪來看呢？以下是我在企業輔導過程中，彙整的檢核重點：

> ⇨ **作業能力好不好？**
> ⇨ **有錯誤的作業嗎？**

> ⇨ 有問題意識嗎？知道何謂正常、異常嗎？
>
> ⇨ 有遵守標準作業嗎？
>
> ⇨ 作業環境是否讓人簡單、好做呢？
>
> ⇨ 工作意願高嗎？
>
> ⇨ 與團隊其他人的相處情況好嗎？
>
> ⇨ 工作是否能夠累積知識、技能與經驗呢？

從另外一面來看，人是企業組織中最重要的資產，如何讓人在工作中穩定產出、知道對錯、持續成長，也是管理者的責任。

⊗ 機（Machine）：自動化時代的重心

企業導入自動化設備已經從趨勢變為常態，然而用設備取代人力的想法卻更需要在細節上小心，因為一旦我們所指派設定給機器的方向錯誤，反而在「自動運行」模式下產生更大的浪費。設備端的檢核重點：

> ⇨ 生產能力是否適當？（生產過多也是浪費）
>
> ⇨ 稼動率好不好？（附加價值時間佔比要高）
>
> ⇨ 定期維修保養是否有做好？
>
> ⇨ 產品要求的品質精度能否做到？
>
> ⇨ 設備擺放位置是否符合動線效率？（Layout 規劃）
>
> ⇨ 設備的安全性是否符合國家標準？
>
> ⇨ 設備台數是否適當？（投資過多造成攤提成本高）

✄ 料（Material）：不只是供應商的責任

過往許多企業面臨到與材料相關的問題時，總是把責任第一時間就推向供應商，但是再多罰則、檢驗標準還是無法根本解決。

因此我們轉個方式來看看究竟材料端我們可以有哪些檢核重點：

> ⇨ **材料零件的品質是否有問題？**
> ⇨ **材料零件的庫存量是否適當？**
> ⇨ **不良廢棄的比率高嗎？是否有減少空間？**
> ⇨ **產線旁備料的量是否過多？**
> ⇨ **生產過程中是否有異物混入的疑慮？**
> ⇨ **材料零件能做到先進先出管理嗎？**
> ⇨ **材料零件的儲放條件是否清楚標示？**
> ⇨ **材料零件「什麼東西？」「放在哪？」「有多少？」是否清楚標示？**

✄ 法（Method）：不論是誰都能遵守的標準作業

「這個，我們家有自己的玩法啦！」對企業來說有相較於其他競爭對手的獨特創造價值方式，可能是出奇制勝的重點。

然而在企業內部如果每個人都有自己的玩法就是很大的問題，怎麼讓每個人、各個單位都能夠有一致標準，我建議可以在方法端從以下幾點檢核：

⇨ 作業順序是否適合？一致？

⇨ 有比現有作法更好的方式嗎？

⇨ 作業方法是否有固定檢討修正呢？

⇨ 作業標準是否適當？一致？

⇨ 該方法與前後段流程的聯繫是否順暢？

⇨ 作業內容是否符合安全跟品質的要求？

不論你的團隊或公司掌握多厲害的產品或服務，就當作你學到六脈神劍這樣的絕世武功好了，但如果你只能像《天龍八部》裡的段譽一樣，使用六脈神劍總是時靈、時不靈的，那麼面對敵手時要怎麼應對呢？

公司有好的產品或服務是立足的基礎，然後要追求成長的第一步就在於「穩定輸出」。就讓我們先從內部所有可控因素開始，先求穩定輸出，再談成長獲利，加油！

2-6

多做的浪費：你擔心太慢，但其實太快才可怕

　　歷史總會不斷重演，只是演出的舞台方式有所改變而已。讓我們來看看台灣機車市場的商業案例吧！以下是來自於《工商時報》2014 年 10 月 3 號的報導資料：

　　「受到三陽力行「清庫存」政策，大幅壓低新車配銷速度，加上光陽、台灣山葉做多意願不積極，使 9 月機車銷售傳統旺季不旺，較去年同期重挫近 14％，也拖累前 9 月機車市場成長率由正轉負。

　　三陽從 8 月起，刻意放慢新車配銷速度，引導經銷商加速出清手上的新中古機車庫存，市場預計要到年底才有機會消化完畢下，第 4 季機車內銷市場不樂觀，台灣機車市場連續 3 年成長的紀錄，恐將在今年畫下休止符。」

　　從 2009 年開始，中華精實管理協會在經濟部工業局的委託下，協助三陽機車導入精實管理。

　　在這個顧問案的接觸初期，最令我震驚的是台灣三大機車廠商的「數字遊戲」。原來我們在報章新聞媒體上所接觸到的每月、每季或每年的銷售數字，其實並非實際銷售量，而是車廠從交通部領牌的數字而已。

以讀者們的聰明腦袋肯定能馬上想到，那就是三大車廠為了追求銷售數字的美化，極有可能在實際需求力道減弱時，透過供給面的增量期望藉此刺激消費市場的需求。然而到了 2014 年第三季起，三陽機車宣布不再參與這樣的遊戲，讓市場回歸健康且正常的競爭，其目的就是經歷精實管理的洗禮後，才深刻感悟到：

> 「多做的浪費」，讓公司內部帶來
> 許多更嚴重的問題。

✕ 多做，會帶來錯誤的安全感

「多做的浪費」在豐田生產方式中名列七大浪費之首，究竟它會帶來什麼樣的影響？讓許多企業深陷其中而不自知呢？

因為它會帶給人們一種安全感的錯覺，進而掩飾公司營運端的各種問題。簡單來說，不論是「做太多」或是「做太快」都屬於是多做的浪費。

你可能會想問「多做至少比沒做好」，但在企業管理或個人效率上，資源錯置往往就會帶來發展性的落差。例如：提早使用原料（時間）、人力與設備的投入、利息負擔（庫存）的增加等。

這些問題往往來自於以下幾種錯誤的概念，讀者們可自行檢視：

⇨ **各流程間僅在乎自己的速度，不在意前後流程的速度匹配**（白話文：我只要我的成績單很好看！）

⇨ **追求設備稼動率的提升，不在意需求端是否有訂單提出**
（白話文：設備很貴耶，怎麼能放著讓它閒置）

⇨ **擔心設備故障、不良品產出或員工出缺勤，而先做起來放**（白話文：未雨綢繆，我們來為冬天儲糧吧）

✂ 降速生產，反而提升人員效率

食品業是高度設備中心的製造模式，因此當初在參與聯華食品（1231）的精實改善時，客戶端一開始最不能接受的就是我們希望產線「降速生產」這件事。

當然在事成之後，負責的經理向我們吐露心聲說道：「當年降速生產這件事，就好像是要逼我們相信太陽是從西邊出來一樣。」

就讓我說說在 2014 年是如何在聯華食品可樂果產線，這個超過 30 年歷史的知名零食，是怎麼透過減少多做的浪費，進而提高人員效率及降低庫存積壓呢？

改善前可樂果的生產是以設備稼動率為主的製造思維：「做食品業，設備開機能開多久就開多久、能生產多少就生產多少、稼動率能有多大就有多大！」

實際產出大於市場需求，可想而知的問題就是庫存變多。但對於未接受過精實管理洗禮的管理階層而言，過去三十年多的一貫思維就是：「東西終究賣得出去，只是時間早晚問題」。但這對於企業經營來說卻是非常危險的誤解，因為食品有一定時效性，再者過多庫存積壓也會影響企業現金流量，一但遇到景氣寒冬時就容易出狀況。

 **BAD**　　 **GOOD**

大量生產	精實生產
1. 前後製程速度不匹配 2. 一味追求設備產能最大化 3. 擔心設備故障、品質異常等	需要的東西 在需要的時候 只生產需要的數量

直接產出

1. 庫存增加現金減少
2. 場地空間的浪費
3. 箱子、料架、包材、人力支出

具體效益
（以食品廠淡季為例）

1. 淡季時庫存減少、公司現金增加
2. 降速生產使所需人力降低
3. 降速生產使設備負荷降低、故障工時降低
4. 降速生產使品檢人員負荷減少、品質良率提升

可知風險

1. 淡旺季預測需求落差的庫存壓力
2. 公司管理成本的增加（退貨、倉管、生產）
3. 產品變質、報廢、維護、促銷的代價
4. **喪失對改善的積極性**

於是透過聯華管理階層及顧問端的我們經過多次討論後，工廠端也願意嘗試在淡季時放慢設備的生產速度。當然對於生產條件的調整一定要符合品質的要求，所以不論在口感、風味、外觀、保存期限等構面上都有做過多次的檢驗。「淡季時放慢速度」的關鍵就在於需求力道偏弱之際，不力拼速度產量，降慢速度「剛剛好」符合需求即可，不要有先做起來放著的想法。

嘗試兩個月後，降速生產所帶來的效益如下：

> ⇨ **淡季時庫存量的降低，讓公司現金增加**
> ⇨ **降速生產也意味著現場人數的減少，有省人效果**
> ⇨ **設備負荷的降低，減少故障工時**
> ⇨ **包裝段因減速生產，品檢人員有充裕時間確認，品質因而提升**

有句中華電信由金城武代言的廣告詞是這麼說的：「世界越快，心，則慢」。

其實在快節奏的商業世界中，有時候追求高速、高效率反而是種容易上癮的毒藥，一旦落入了相互比較的競賽那就很難停止下來。

多做的浪費是傳統製造思維最根深蒂固、難以改變的束縛，也是許多企業乃至於個人面對環境變化、市場競爭時盲目走入的死胡同。

2-7
庫存的浪費：
企業營運血管的血栓危機

　　每年帶台灣企業的專業經理人們到日本愛知縣的豐田集團進行參訪交流，白天看這些世界五百強公司的製造現場及對談，晚上我都會找大家聊聊，想知道大家最大的收穫在哪？

　　有些人覺得是現場井然有序的管理風貌，有些人則認為是內部改善氛圍的深化，然後最大的交集是對於「庫存水位」的驚嘆。

　　例如台灣某生鮮食品業的董事長就曾經驚嘆：「我們家進料到出貨大概三天，本來以為夠屬害了。哪知道更複雜的汽車廠竟然零件庫存只有 4 小時！」

　　如果說企業經營就像一個人的身體健康情況，那麼「庫存」就是生產或服務流程中的血栓，庫存不良會造成中風，輕則造成身體行動不便，重則有生命危險之虞。

　　曾經差點破產的豐田汽車，就是因為深知庫存之苦，因此豐田生產方式之父大野耐一，將庫存列為「七大浪費」之一。針對庫存，我很難告訴你庫存低水位有什麼樣的好處，因為庫存水準會因為行業別差異而有所不同。

　　但我卻可以依據過往在企業輔導的經驗，整理出庫存過高的三大缺點與你分享。

✂ 庫存過高的資金流動性問題

先講結論，實體產業就是個燒錢的生意，只是看你燒的多跟少而已。

你手腕可以不粗、資本不見得要雄厚，但如果想要生存下來，那麼接下來談的庫存過高造成現金流動性問題，就應該在內部管理中仔細思考防備。

你說談錢既現實又傷感情，但這卻是企業經營最實際的問題。如果是買賣流通業或是網路產業，可能沒有太多的庫存問題。但對於實體製造產業來說，所謂的「庫存」簡單用白話文來解釋，可以轉化為如下說明。

我要先拿出一筆錢把原料買進來，還要花另外一筆錢在人員薪水、機器設備、水電費用上把東西做成半成品或成品，通常原料到成品快則 15 天，慢則 30 到 45 天。

但是你以為把東西做出來，人就進得來、貨就出得去嗎？

以食品業來說，如果出廠時有效期限一年，其實通路端都會要求有效期限如果只剩一半就會要求廠商回收，這對於製造端是很大的壓力。

如果讓你都這麼順利都完銷一空，你還要想到客戶開票究竟是一個月、三個月還是半年的票期呢？

如果公司財務體質不好，那麼很容易面臨現金週轉問題，甚至發生「黑字倒閉」的狀況。

✂ 庫存過高的人員警戒心問題

某回到高雄的鍛造廠執行顧問案，抵達時製造部小陳課長告知，很抱歉因為設備臨時故障，本來預定的現場輔導行程可能需要變更。這時我並不擔心行程變更的問題，反而為他們生產進度感到憂慮，因為故障的那台設備全廠只有一台，而且軸承斷掉必須要請日本設備廠商重新訂做，屆時預計要花一個月左右的時間才能復工。

聽完後我問小陳課長該怎麼辦？出乎我意料的，小陳並沒有如我預期愁容滿面，反而像是鬆了一口氣般對我說：「老師，沒問題！我們成品庫存至少有兩個月的量在。」

站在企業經營者的角度，庫存造成現金積壓的問題似乎是顯而易見的痛。然而對於企業管理階層來說，為什麼卻容易忽視或選擇避談呢？因為他們面臨了更重要的威脅：斷線。

對於公司來說，預定好的排程、產量，肯定是希望按部就班產出。然而人員請假、設備故障、物料品質出狀況等異況都可能中斷或干擾產出，因此不論是採購、生管乃至於製造單位都意識到：「斷料」絕對會被釘到飛起來，最保險穩健的作法就是多做點庫存「以備不時之需」。

> 這種做法看似安全，但其實慢性侵蝕著企業的經營體質，讓企業反而沒有去警覺必須解決的狀況。

設備容易故障？沒關係慢慢修，我們有安全庫存。供應商供料質與量不穩定，沒關係我等你，我們有安全庫存。大家往往對於資金

流動性問題會有所警惕，但其實過高庫存背後隱含的是對於異常的緊張感喪失問題。

✖ 庫存過高的作業困難度問題

倉庫中滿坑滿谷的物料，阿豪作為公司唯一的倉管人員，正駕駛著堆高機叉著棧板進出，這已經是他連續第十三個加班的工作日了。換個場景，生產線旁凱哥熟練地將包裝後的產品裝箱、封箱後堆疊到棧板上。但因為棧板佔地空間大的關係，凱哥不得不繞著棧板作業，一有不慎還會被棧板絆倒。對於已經近 50 歲的他越來越吃力。

最開始，我們從公司經營面的資金問題談起。接著談到各職能單位因為庫存高的危險麻木。但談這些問題有時會覺得搔不到癢處，因為這些對於每天的作業來說都顯得太遠。

> ❞
> **可是庫存在第一線最容易遇到的情況就是，**
> **空間佔用、找尋不易、作業阻礙，**
> **這些不僅會增加作業人員的工時及負擔，**
> **對於產品的品質也是一大考驗。** ❞

舉例來說，如果公司產品庫存過高，金屬類產品就要進行封存或上油等防鏽作業，食品則要注意效期。電子科技廠則因為產品生命週期短，更有可能因為產品的迭代更新使得舊產品變成難以處理的呆料。這些都是企業經營層或管理者不可忽視的直接衝擊。

庫存過高 3 宗罪

1 **財務面**：資金流動性降低（現金都卡在庫存上）

2 **管理面**：自恃安全庫存而忽視設備故障、換線效率、人員效率等實質表現（安逸心態）

3 **作業面**：物料找尋不易、動線受限、品質過期風險等

✂ 什麼樣的庫存最要命？

最後，來做個隨堂小測驗，考驗大家對於庫存的概念是否有正確的認識？庫存在實體產業能夠簡單分成三項：

⇨ **原物料庫存**
⇨ **半成品庫存**
⇨ **完成品庫存**

你覺得如果公司為了市場或是客戶要求，真的需要建置庫存，那麼你會把庫存壓在哪一項呢？給大家 30 秒的時間。

我的建議會是：「原物料庫存」。

「半成品庫存」是我在企業輔導過程中最在意的重點之一，因為半成品對公司來說已經投入成本（物料購入、加工費、水電費等），但卻還無法轉化成可變現的狀態，風險程度最高。

接著「完成品庫存」雖然已經有市場變現價值，但是隨著少量多樣的市場需求，大家都會面臨產品客製化程度高的狀況，如果完成品庫存過多還是有一定程度的風險。

如果真的要建置庫存，放在原物料的好處是，原物料要嘛還可以轉賣給同業，或是可以轉單加工成不同的半成品，但前提是公司內部製程能力要夠高，才有辦法在短時間內把原物料投入後轉化成需要的產品。

不論你身處哪個產業，製造相關的請檢視原料投入到成品產出的流程，注意每一段工序中是否有庫存堆積的狀況？如果是服務相關請檢視客戶使用服務時容易在哪段流程卡關？

> 這些堆積、卡關的現象就是企業營運血管中的血栓。

如果哪天忘記庫存有什麼危害？可以再複習資金流動性、人員警戒心及作業困難度這三大問題！不可不慎啊！

2-8

搬運的浪費：你以為省事方便卻造成現場不便

2011 年我隨著井土顧問在信昌機械（台灣前五大汽車零件廠）的門鎖、安全帶生產線進行「備料員系統」的建立，兩年後再將其導入福州的子公司。透過備料員，組裝線的線邊庫存降低 80% 以上、效率提升 20% 以上，同時缺料、組裝錯誤等品質問題也大幅降低。

簡單來說，就是透過一個專責的備料人員，以 30 分鐘一回的頻率同時負責五條以上產線的每日所有零件、模治具的提供，減少過往作業員各自離開生產崗位去找尋、拿取零件的時間，使得產線的生產效率趨於穩定，而不會有高低起伏的情況。

2014 年我跟大野顧問一同在聯華食品的年度輔導改善案中，生六課推動「降低線邊倉店面存放空間」的案子，透過小批量供料的方式，一口氣減少 18 坪的使用面積。具體作法就是讓生產現場過去一天一次的物料供給方法，改為兩小時一回的供料頻率。

接下來幾年的時間，聯華食品在各生產單位複製小批量供料的模式，成功讓過去生產線邊堆滿大量庫存的情況扭轉，成為簡單、明亮又整潔的職場環境。

✕ 高頻率搬運，還是一次搬多一點？

相信敏銳的你一定有看出其中的端倪（沒看出？對不起是我應該檢討自己的文筆），那就是有別於一般人的想像，我們在上面這兩個改善專案都是以「高頻率的搬運」去突破生產線的效率限制、庫存空間。

過去大家對於搬運這件事情都會覺得很浪費時間及人力，但又不得不做，因此我們都習慣一口氣完成它，所以棧板能疊多滿就疊多滿，堆高機能搬一次就夠，簡單來說心態就是「既然都要跑一趟了，怎麼不就一次拿多一點呢？」這種大批量搬運的作法其實在目前兩岸製造或服務業都仍屬常態。

> ❞
> *先講結論：一次性大批量搬運看似輕鬆省事，*
> *但造成的問題就是過多的庫存浪費。*
> *因此精實管理或豐田生產方式的原則是：*
> *「需要的東西，在需要的時候，*
> *只提供需要的量」。*
> ❞

像是這種一早就把全天的物料都搬到線邊備用的方式，就屬於需要的東西在不需要的時候提供不需要的量。試著想像一下，你家門口有訂嘉南羊乳，明明說好每天早上配送一瓶過來，但第一天就送30瓶過來。你氣急敗壞打電話抱怨說：「我小孩一天喝一瓶就好，你怎麼會一次送這麼多過來？」對方只淡淡回說：「這樣我一個月只要跑一趟比較省事方便啊！」但他的方便對你來說卻是夢魘，東西要另外找地方放，還要擔心喝不完的保存期限。而精實管理的作

法，反而是希望透過小批量供料的方式，透過高頻率的搬運作業來降低庫存量。

但這樣一來，大家最容易問的問題就是：「那這樣我們公司的搬運作業，不就需要更多的人力時間去進行，這樣真的合理嗎？」

如果我們進行搬運作業的所有方式都不做調整，單純只是一天搬一次改為一天送四次，的確會增加作業負擔及工時。因此同時間我們要一起考慮相關配套如下。

✂ 搬運距離造成浪費：路徑的優化

為什麼會產生這樣的作法呢？

我們先從基礎設施討論起，來思考個生活情境題，如果今天住在偏僻一點的住宅區，距離你最近的購物地點要開車 30 分鐘，那麼你會選擇一次性大量的購買回家囤積，或是需要時才少量購買呢？

答案應該會是一次性大量購買，畢竟我不會煮菜到一半發現沒了醬油，而來回花費一小時只去買罐醬油。

許多企業遭遇的問題正是如此，當老闆大聲疾呼我們應該要減少原料、在製品在產線邊的庫存量時：

> ""
> 卻沒注意到根本問題來自於內部前後製程的
> 「搬運路徑過長」所造成。
> ""

因此我們能努力的兩大方向：一是設法合併前後製程，如果「全家就是你家」，那麼根本不用發生搬運，就也不會有浪費產生。如

果真無法合併，那麼至少努力減少兩點間的距離，如果只需要到巷口就買得到醬油，那麼多跑腿幾次就不顯得那麼累（小批量供料）。

✄ 搬運方式造成浪費：小批量為主

每次當我看到有些企業採取的搬運方式是，一口氣把整天甚至好幾天所需的用料擺到線邊，就讓我想到小時候聽過的故事：「脖子掛大餅的老婆」。

用谷阿莫的敘事方法來說就是有一位懶婦整天宅在家不動，所以老公要出遠門時為了怕老婆餓死，刻意在出門前做了一串大餅掛在老婆脖子上，結果回家後發現老婆還是餓死了，木暮警官說因為老婆懶到連脖子上的大餅都不肯轉著吃 ⋯⋯。

當我們把搬運量放寬加大，期待透過這樣的方式提升效率，結果往往事與願違得到反效果。並不是說現場人員是懶婦，與其設計一串大餅（大批量庫存）在現場，倒不如幫老婆定時叫外賣（小批量供料）更符合人性。還記得需要的東西，在需要的時候，只提供需要的量嗎？

然而在許多工廠想要推行小批量供應的首要阻礙，就是堆高機與棧板。

其實近幾年不論在日本豐田集團旗下工廠或其他企業，都在推動廠內禁行堆高機的活動。一方面堆高機在廠內容易造成工安意外，另外一方面也是著眼於以堆高機為主的搬運方式就無法達到小批量供料。

試想如果你今天只要從倉庫搬一箱零件到生產線去，看到旁邊的堆高機你大概會想說：「算了，我乾脆等堆滿整個棧板後再一起搬

吧！」。

因此越來越多的日本甚至是台灣企業，都在廠內利用小型台車甚至是無人搬運車（AGV）來取代搬運功能，不僅節省空間場地也更能達到小批量搬運的效果。

✄ 搬運職責造成浪費：專責搬運而非兼差

談了前兩項如何克服企業管理階層對於搬運這件事情根本的恐懼，大家雖然好像快被說服了？

但最後還是會想要力挽狂瀾的問最後一個問題：「如果改成小批量搬運，以前我們一天拿一次料就好，現在可能一天要來來回回好幾次，感覺就很麻煩耶！」

沒錯，很棒的問題，如果製造現場推動小批量供料，同時也需要讓現場人員自行取拿，這樣反而會影響生產線效率。因此各位同學看黑板這邊，生產人員這些「非生產工時」的發生，要怎麼解決呢？

就像是你看連續劇中在刀房執刀的醫生，會自己開到一半然後去找接下來的工具在哪裡嗎？還是護士早就準備好遞給他？這就是「專責備料人員」。

把生產區域所有搬運作業集中交給專人負責，而減少發生：「等我一下，我去拿個肉刀跟尖刀」的情況。在醫院場景，舉凡切割、抓取、持針、牽引等手術器械，都會由助手遞給主治醫師。

> **讓第一線人員從事最具附加價值的作業，**
> **不論在醫療或是製造業都是相同的道理。**

搬運的浪費

路徑、
工具優化

小批量
搬運

專人負責

★搬運從長途變短途，工具要省力好用

★搬運頻率要逐步拉高，單趟搬運量要逐步降低

★非生產工時（搬運）交由專人負責

　　不良品的浪費、多做的浪費、等待的浪費，這些問題都是能夠避免，唯獨「搬運」這件事情只能夠盡可能減少，或用自動化取代。

　　但不能因為搬運必定存在就放棄治療，搬運的背後隱含更大的問題就是庫存這回事，所以還是記得精實管理最經典的老話：「需要的東西，在需要的時候，只提供需要的量」，搬運的原則亦然！

2-9
不良的浪費：自工程完結，品質是製造出來的

「澄哥，你有看到爆料公社最近那篇貼文嗎？東西才買回來不到一天就壞掉，虧他們公司最近廣告打很兇，還有好幾位 Youtuber 接他們家的業配。」

「我之前就有跟他們家採購打交道，就覺得他們用料很有問題，上次去他們工廠看也覺得很髒很亂，一點都不像廣告講得這麼好。」

網路社群媒體的發達，讓更多優質商品或服務得以藉著相對快速價廉的行銷宣傳成本，就能出現在大眾面前，但相對的企業要承擔的風險就是：「壞事傳千里」。

壞事的散播速度可能不用半天就可以全台皆知。既然我們要談品質不良，就一定要先讓大家了解不良所造成的損失。

⊗ 不良品造成的商譽損失

2000 年日本雪印牛乳的中毒事件、2014 年日本麥當勞的食安事件等，或是在台灣由網路鄉民所發起的「滅頂」活動，都是因為企業在產品製造過程中的品質問題引起消費者抵制，甚至導致企業宣布破產倒閉，或業績大幅衰退。

不過值得注意的就是台灣最美的風景是人，相對地台灣人似乎特別容易健忘，每當遇到企業有品質相關問題，「三天特價」、「買一送一」等招式就能夠迅速拉攏部分人心。

雖然我是企業間的顧問角色，但還是想真心給一句建議給各位：「台灣人，加油好嗎？」

無論如何，企業對於不良品的商譽損失都必須重視，可能會帶來很嚴重的後果。

✕ 不良品造成的退貨銷毀

對於製造或服務流程而言，2013 年起全球安全氣囊王者：日本高田企業，因為接連發生的安全氣囊爆炸事件，導致 17 人以上因此身亡。

全球各大車廠為此宣布進行大規模召回超過 1 億台汽車，總費用超過 100 億美金，且需要花費 10 年以上時間處理。

於是 2017 年六月日本高田不堪一兆日圓負債，只好宣布破產保護，一家 1933 年成立的世界級企業就此走向末路。或許因此失業的員工可能會想著：「早知道當初就不應該睜一隻眼閉一隻眼。」卻也悔恨莫及、回頭太難了。

✕ 不良品造成的製程重修

不論是商譽損失、退貨銷毀問題，正在看書的你可能會想說這些老調重彈都離我太遠了，我就是存著僥倖心態，只要沒被抓包就不會有問題。

好吧，也許你們的心態就是老子就喝點小酒，怎麼可能會在路口被警察攔檢酒測？那麼就談點更切身一點的損失吧！

對於企業經營層、管理者來說，千萬不能輕忽不良所造成的影響，不管是完成品或在製品，只要出現不良就只能有兩個下場：報廢或重修。

報廢代表你所投入的水電費、勞務費、材料費等就跟丟到水裡一樣化為烏有，然而重修後的東西代表上述這些費用要乘以兩倍才能夠做好。這些首當其衝就會影響公司的營運表現。

⚅ 不良品的忽視讓人習慣犯錯

另外產品能夠重新修整，看似還有挽救機會，但其實在修整的過程也正一步步扼殺大家對於品質的正確認知與重視程度。

舉例來說，這兩年因為在聯華食品及宏亞食品兩大上市食品廠推動精實管理的推波助瀾下，有許多食品廠也期望能夠在內部推行精實管理。然而我卻在現場看到許多品質問題急需克服，其中最明顯的一個案例就是：「重新修整」這件事。

裁切洗好的原料在輸送帶間掉落到地上？沒關係，30 分鐘內都還可以用？（我小時候東西掉地上也都這樣安慰自己呢）。製程中有破損或變形的餅乾、餡料？沒關係，隨著下一批再倒回鍋內重製即可。

> **關乎成本的都還算是小事，這樣的處置方式恰好會讓人員習慣犯錯、勤於補救，而對於問題真正的根源卻不思改進。**

品質是靠檢查出來的嗎？

我在書中可能會強調超過八百次的概念，就是請大家在追求高大上的管理哲學、與歐美並進的管理理論之時，回頭多花點時間注意每一天、每一分、每一秒的工作現場。

因為所謂的浪費都發生在此。

當你動用預算購入一台新台幣 800 萬的機械手臂及視覺辨識系統，協助包裝產線的撿貨作業，卻因為無法百分之百確定包裝無誤，所以再多派兩個人在設備後方進行目視全檢時，你才會突然驚覺錢的可貴跟設備折舊攤提的可怕。

品質是靠製造出來的！

對於客戶來說，我們所花費的檢查人力、時間與成本並非重點，因為確保安全品質的前提下，除非是雙方特別議定，否則你額外花費的檢測設備、全檢人力，客戶都不會想買單！

> ***所以就豐田來說，早在 19 世紀末豐田佐吉發明汽動織機時，就已經把「品質是製造出來」的概念給灌輸進去了。***

過往的自動織布機雖然能夠自行織布，但遇到紗梭用完或斷線時卻不能即時反應，導致大規模不良品產生，因此業界普遍都以一個人看顧一台織布機的方式進行生產。而豐田佐吉透過機械構造的改良，能夠在遇到異常時讓設備自動停機，進而解放人力讓作業員能

夠一人看顧多台織布機又能兼顧品質。這也讓豐田佐吉賺進大筆財富，為公司往後進軍汽車業積累資源。

對了！豐田佐吉發明自動織布機並取得專利時才 29 歲。

✂ 自工程完結

豐田汽車接續相同的品質概念，汽車的製作流程及所需零件更加多元繁複，如果要依靠大量的品管人員進行全檢、抽測等管理作業，會大幅提高生產成本。

因此如果各製程都能夠做到「不接受不良品」、「不製造不良品」且「不流出不良品」。讓問題能夠在自己的守備範圍內獲得解決與控制。

> 這種「自工程完結」的實際作法，
> 讓豐田汽車有別於其他歐美車廠繁瑣複雜的
> 品管對策，迅速降低額外成本，
> 使產品更具市場競爭力。

所以不管是製造工序、專案流程、服務現場都應該思考如何「不接受」、「不製造」、「不流出」不良，問題在當下解決才能把損害控制到最小。

2-10

動作的浪費：經年累月，
成為時間的影子

每當我在企業現場輔導時，明確指出因為產線長度、物料擺放、設備方向等原因造成人員多餘動作或步行的損失時，常會受到現場的質疑聲音：「顧問，這個零件擺左邊或擺前面頂多差個 2 秒，真的有差嗎？」

這個時候，我除了向他們解釋原理原則及效果外，我心中都會想到一位棒球場上的燦爛流星：「指叉王子」阿甘蔡仲南。

1999 年漢城亞錦賽我相信是每一個熱愛棒球的台灣人腦海中經典的對決名場面之一，當時蔡仲南以業餘奇兵身份橫空出世，在 8.2 局的投球中對決日本隊松中信彥、阿部慎之助、古田敦也等名將毫不遜色，透過招牌指叉球送出 11 次三振。那一夜我們知道，原來日本的平成怪物松阪大輔有多厲害，但我們也有 20 歲的蔡仲南在。

然後流星殞落的故事雖然悲傷，卻更讓人擁有記憶點。蔡仲南在 2001 年台灣所舉辦的世界盃棒球賽後，以選秀狀元之姿、破紀錄的 600 萬新台幣加盟金加入中華職棒興農牛，但除了前兩個球季投球局數破百局外，後面幾年均因傷所苦，短短 6 年的職棒生涯就黯然告終。

我是個死忠的棒球迷，但我們今天的重點不在探討球團過度使用

球員的問題，而是透過蔡仲南的投球機制來探討豐田生產方式中所講的七大浪費之一：「動作的浪費」。

蔡仲南出手前怪異的投球姿勢（右膝大幅彎曲、右手幾乎碰觸投手丘），在業餘時期或短期盃賽能夠收到一定威力成效，然後一旦將時間軸延長到職業賽季，對於身體使用就是嚴酷的考驗。

蔡仲南在退休後接受採訪時曾說道：「起初是膝蓋痛，接著是肩膀痛，最後連手肘、髖關節的健康都葬送了。」

> **所以當製造現場質疑改善方案只有幾秒的差異時，放大時間尺度就能看到積累的效果。**

動作的浪費是七大浪費中最容易被忽視的一項改善，容易被誤認為吹毛求疵，但如果我們能夠謹慎認真面對動作的浪費，能夠帶來三大優點。

✂ 作業效率的增加

例如在在台灣北部某食品廠的改善案中，改善前包裝線的作業員進行撿包作業，每十包放入箱中，人往左後方拿一片隔板放入箱中作為上下層的區隔。

我們僅是調整隔板的放置位置，從作業員的左後方改為前方，讓動作節省 2 秒。聽起來似乎稍縱即逝，但一天要做 1000 次以上，公司有四條相同的包裝線，一年下來就可節省相當於 36.6 個工作天效益。

古有云「勿以善小而不為」，小動作的改善透過時間的累積也能夠累積出驚人的效益。特別是多以重複性動作為主的作業，更應該注意是否存在動作的浪費。

⚡ 人員疲勞的減輕

又例如北部某鍛造廠的冷整作業，作業人員每回都需要從蝴蝶籠中拿取工件（重量 5-6 公斤）進行生產，一天 8 小時需要生產 1293 件，也就是作業員每天需要彎腰 1293 次，每日腰部承受總共 6 噸以上的重量負擔。

我們只是在現場加裝頂升裝置，讓作業員取料時不需要再彎腰拿取，作業疲勞度減輕自然生產效率也能跟著加快。

台灣傳統製造業面臨年輕人不願待在現場的情形，大家總會責怪年輕人「不願吃苦」，但吃苦本來就是件反直覺的事情。

這些大家眼中辛苦、骯髒、危險的 3K 產業，在從事改善時應該主動思考如何改造作業環境、方法，讓工作變成是簡單做、容易做的方式。畢竟，要扭轉他人刻板印象前就從自身做起吧！

⚡ 未來自動化參考

所謂的自動化，第一步就是將人員的動作透過機械手臂程式編程模仿取代之。

在全球工業自動化熱潮方興未艾的時刻，豐田汽車反其道而行，2014 年起把在日本國內 13 家工廠近 100 個工作崗位的自動化設備改回人工製造，主要目的是希望透過人類的創新能力，重新改良或

發展新技術工法，進而改善生產線效率或降低不良、浪費。

不是只單純把人類當作自動化產線的附屬品，只負責把原料投入設備，或是設備故障時才需要人類排除異況。透過這方式，豐田的引擎曲軸製程就因此降低 10% 的耗損。

> **"**
> **人的思考與改善能力，才是企業長期**
> **穩定進步的關鍵。**　　**"**

如果一開始就未將流程動作優化，那麼所謂的自動化反而只是模仿人們無效率的動作浪費而已。公司花錢投資還得不償失，不可不慎。

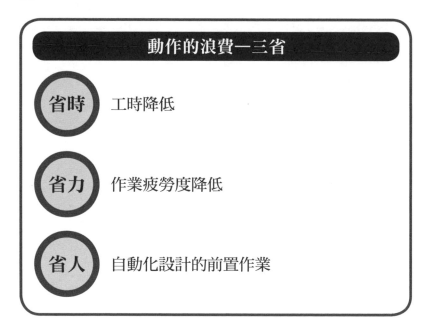

動作的浪費─三省

省時	工時降低
省力	作業疲勞度降低
省人	自動化設計的前置作業

每次想到蔡仲南的例子，就想起「當人家上太空，我們還在殺豬公」這句話。

2005 年美國職棒投手直球均速超過 98 英里的只有 Joel Zumaya 一位鶴立雞群而已。但這十多年來隨著運動科學的進步、數據分析的演進，2017 年直球均速超過 98 英里的投手多達 17 位。

各家球團透過運動軌跡分析、智慧訓練系統等，找出選手的動作浪費，減少運動機制造成的損耗，讓球團的重要資產確保高品質且健康的輸出實力。不只美國職棒，看看隔壁美國職籃 NBA 亦是如此。Stephen Curry 的 One Motion Shot 投籃動作（指投籃動作並非在起跳至最高點時才出手，而是邊起跳就啟動投籃動作，以爭取投籃速度及穩定性），也是身高居劣勢的球員消除動作浪費的一種成效。

動作是時間的影子，既然一寸光陰一寸金，我們又怎麼能夠輕易讓「動作的浪費」慢性消磨我們的生命呢？這不是吹毛求疵，就我來看，這是對自己生命價值的尊重！

2-11
加工的浪費：「沒有不行嗎？」的減法哲學

2010 年我結束日本豐田集團的研修生活，回到台灣後立刻投入企業輔導改善的工作。那時候我們有配合政府專案的執行，當然具體專案名稱及內容不好說，我在專案執行過程中倒是吃了點苦頭也學到一些經驗，值得跟大家分享借鏡。

「江先生，你們協會的執行報告怎麼會這樣做呢？（嘆氣）」政府單位窗口的大姐打電話到辦公室來就是劈頭先唸一頓。

「怎麼了嗎？截止時間還有一天，有什麼問題我們可以趕緊修改，不好意思！」大家都懂的，剛出社會的菜鳥就是先道歉再說，菜就是罪。

「我們今年書面報告封面規定一定要是粉紅色，裡面行距跟對齊都有問題，更重要的是頁碼要放在下方中間，這個不是有說過嗎？」

「那執行報告的內容部分呢？有關於這六家企業的年度改善效益，如果用新台幣表示是 1200 萬，還是庫存降低 37%、效率提升 23% 呢？」

「那個不是重點。」

等等，我是不是誤會些什麼了？掛上電話我重新翻開已經裝訂成冊的年度改善成果報告，封面燙金的字體分明寫著「99 年度 OOO 產業技術輔導計畫」，怎麼封面顏色、行距、頁碼比企業降低庫存、提升效率、優化品質等還來得重要？

看到這邊，相信踏入職場已經不知幾個寒暑的你會捻著鬍子笑說：「年輕人終究是年輕人。」但我今天其實想跟大家談談的就是豐田七大浪費中的「加工的浪費」，這個略顯冷門卻又跟我們生活息息相關的浪費型態。

> ***加工的浪費，指的是跟進度或精度無關的工作內容。***

既然跟進度或精度無關，那大家又不是傻子幹嘛還要做呢？然後在企業組織內部流程分工過於精細的現代社會，加工的浪費其實遠比你想像的還要多！這時候如果你能重新思考每一個動作背後的動機，透過「減法哲學」刪除多餘的作業、資源耗費，自然就會比其他競爭對手來得更具效率。

以下就用幾個企業輔導遭遇的實例說明。

有時不是你浪費，是流程問題

我曾經在台灣某家汽車製造廠，看到作業人員謹慎地把軟布用磁鐵吸附在烤完漆的車門上，再進行整體內部零件的安裝作業。站在流水線旁我納悶著為什麼公司要先把車門裝上，阻礙作業人員工作，這跟全聯福利中心的著名廣告「先堆沙包再去全聯」極為相似？

或是在某手工具製造廠，看到作業員仔細地把半成品套上塑膠套保護，接著一支支疊放在棧板上，待堆疊到一定高度後再用收縮膜捆個兩圈收到倉庫放好。而經過改善輔導兩個月後，我們成功把這個工作取消掉，因為我們直接把前製程：半成品套柄作業，與後製程：組裝作業合併連線生產。

有時候不是我們刻意浪費，反而是行之有年的分工方式、流程習慣，限制了我們的想像力。浪費的動作經過日復一日刻意練習後，變得自然而必要。

**”「沒有不行嗎？」透過這個萬用句型，
檢討的是習以為常背後可能的問題。 ”**

✇ 地球只有一個，杜絕消耗性包材

汽車零件廠及製造廠間有一個非常值得其他行業學習的地方，就是「通箱（物流箱）」的存在。

所謂的通箱就是利用可重複利用的塑膠箱進行零組件的交貨，如果是品質要求較高的產品甚至會在箱內利用吸震材質進行產品保護，這種作法目前也廣泛被物流業者拿來運用。如果你常到小七、全家購物，一定會看過類似的箱子。

然而在台灣許多食品廠卻多習慣於使用紙箱作為交貨的載具，雖然有安全衛生的考量，但一想到這些裝滿貨物的紙箱送到好市多、家樂福或全聯後，馬上會被拆開將商品上架，而紙箱就只剩下回收一途（因為箱上已經印刷廠商、物品的名稱數量等資訊）。想想還

真是可惜！

　或是棧板上的收縮膜也是種對地球極不友善的一次性耗材，有公司聽取我們建議後，直接在棧板的四個角落設置孔位，疊滿棧板後就插上木棒作為固定，也不用擔心堆高機搬運過程中會有墜落的可能。只要在工作上多花點巧思，你也能對地球盡點心力！

✂ 品質過剩不一定是好事

　「土豆是用電腦挑的」如果你知道這廣告，那一定至少是七年級生。

　但除了花生之外，大家逢年過節嘴裡吃的海苔也是電腦挑的呢！我們每天在便利超商隨手結帳當早餐的三角飯糰，用來包餡料包飯的海苔片，在生產過程的後段會利用科技業等級的高解析度鏡頭進行對比、篩選，杜絕任何海苔片在製程中可能的破裂、孔洞。

　企業追求品質在食安事件層出不窮的時代，是件值得鼓勵的好事，但捫心自問，你早上衝到便利超商拿個豆漿、三角飯糰結帳後，隨手拿起肉鬆飯糰撕開包裝就送入口中。企業在意的品質問題，消費者真的有放在心上嗎？

　甚至在撕開膠膜的過程中就可能把海苔給撕爛了，不是嗎？

　我也曾看過專業包材印刷廠，為了追求肉眼看不出的色差（好吧，音響界會說你是「木耳」，可能我是木眼吧？），讓設備停下四、五個小時進行油墨調色，也產生了大量的消耗。

　這些如果拿到市面上進行官能測試，除非你有寫輪眼，不然應該看不出來。這邊不是要告訴大家品質不重要，然而如果過度追求品

質，其實反而會讓製程中產生加工的浪費，因為你的努力別人看不到也不在意。

✂ 我只要陳雷，你給我「摟雷」

「你戴的那副液晶體顯影眼鏡是兩年前美國過時的產品，而我這副隱形液晶體顯影眼鏡，是上個月西德最新產品，價值 11 萬美金。」電影《賭神》中，周潤發在最終賭局上痛電陳金城的台詞，在現實生活中我也覺得一點都不陌生。

因為許多企業老闆在向我介紹製程時，很常介紹他們家的最新設備可以做到 0.01mm 的加工精度，可是等我開始跟團隊檢討製程作法時，才發現客戶要求的尺寸規格只要到正負 0.02cm。

古人很早就告訴我們管理上的智慧：殺雞焉用牛刀。

如果企業生產的是量產件，結果你卻用藝術品的水準去製造，那麼在先天競爭條件上就已經先輸人一截。你可能會很不以為然的要我不要這麼庸俗勢利，但「活下來」不是企業運營的第一要務嗎？

如果管理團隊把資源錯置，造成的損害甚至可能影響上百個家庭的生計，自然要務實為上。

加工的浪費在道理上看似簡單，但其實隱含許多公司產品開發、製程設計、品質管理的重點，回到原點只要大家抱持著質疑的態度，用「沒有不行嗎？」的萬用句型看待每件事，相信你一定能夠找出值得改善的地方。

避免加工的浪費—試著用「沒有不行嗎」確認

半成品先套上保護套，再放入倉庫備用
+
「*沒有不行嗎*」
↓
解法 前後工序連線生產，消除保護套工作

消耗性包材
+
「*沒有不行嗎*」
↓
解法 類便利超商的物流箱（通箱）

專注完美近乎苛求（品質過剩）
+
「*沒有不行嗎*」
↓
解法 確認最終消費者的需求，解放多餘工作及人力

2-12

等待的浪費：你以為等的是時間，浪費的卻是生命

在某科技業的化工實驗室內，我正在亦步亦趨跟著工程師進行作業觀察。拿起客戶委託的產品放入燒杯中，倒入發煙硝酸並設定攝氏 200 度加熱，這時工程師轉過頭來跟旁邊的阿宅交談：「誒～我過年期間都在玩 Switch 超好玩的耶！科科。」

工程師接著把產品放到設備中打 R-E，幾位宅宅們彷彿圍爐一樣，環繞著設備等待著反應時間。一時之間實驗室有種茶水間的溫馨感覺，設備像是微波爐被打開後，產品拿出來檢查後發現仍有不足，所以再一次放入設備中加工。在我當天的觀察紀錄中，這樣的動作來來回回總共五次，每次花費約略 4 分鐘。我在隨身筆記本上寫下「等待浪費」四個大字！

> **「等待的浪費」列在豐田集團所認定的七大浪費之一，其實不管是人員或是生產（財）設備的等待，對於公司來說都是一種機會成本的損失，也就是明明可以拿來創造其他價值的卻沒有。**

以上面的故事來說，明明客戶委託案還有一堆樣品在等，但是這段等待的時間卻不能利用。等到進案量爆炸，公司要求大家加班對應時，每個人都怨聲載道紛紛表示：「我他 X 的已經夠累了，根本沒有時間可以浪費，結果還要我們加班？」我好像誤會了些什麼，那個在設備旁邊圍爐聊天，只差沒有多發一本鏡週刊跟瓜子給大家打發閒暇時間的狀況是我眼花了嗎？

看到這邊作為經營層或管理者的你額手稱慶大喊：「顧問你真是說到我心坎裡了！」但另外一邊有部分觀眾大罵：「你這資方狗！」

其實這樣的矛盾在我從事顧問職的第一年就已在內心交戰過好幾次，可是日本顧問某次午餐後的閒聊卻點醒了我，他說日本文化對於職場有一個重要的認識，就是今天你領這份薪水就是公司花錢跟你買時間，既然你願意把你一天中的八小時以合理價格賣給公司，那麼等待的時間不論是不是你造成的，都是種危害公司利益的浪費。

在這邊我把等待的浪費分成三大類，希望透過這篇文章，帶大家一同檢驗自己現有工作中是否有這樣的問題存在。為了不讓各位等太久，那我們就開始吧！

⊗ 第一類：工作安排造成的等待

老實說「等待的浪費」百分之百是人禍造成的，首先我們就來看看工作安排有哪些可能會造成等待的浪費呢？

1. 作業不平衡

如果工作間有前後關係，那麼只要前方負擔重，後方負擔相較下較輕，一來一往就會讓後方產生等待的浪費。拔河時如果站在你前

面的人是巨石強森，那麼你肯定來的很輕鬆，但這對工作來說卻不是好事，所以請注意工作分配的平準化，這才是效率穩定輸出的關鍵。

2. 停工待料

同樣是工作的前後關係，如果前製程或供應商因故無法在預定的時間內提供該給的產品或服務，那麼一時半刻間你就只能夠作壁上觀。

就像你煮菜到一半突然瓦斯爐沒火，天然氣公司的問題，你卻只能拿著鍋鏟嘆息。

3. 設備的監視者

看過食品廠導入機械手臂來進行組裝，結果輸送帶旁左右邊各放著一架高腳椅，上面兩位作業員直盯著上面的餅乾，彷彿是殺父仇人一般。

嗯 ... 其實他們兩位是為了防止設備異常作動時造成報廢損失而編制。但是，你會在洗衣機運轉時，站在一旁是為了它故障時要快點把衣服拿出來用手洗嗎？不會，因為你覺得好浪費時間。

✂ 第二類：異常問題造成的等待

除了因為人而直接造成的等待外，人所「間接」造成的產品或設備異常，同樣會耗費第一線人員的時間與注意力，造成無法產生附加價值的浪費。

1. 設備故障

「靠！又當機了！今天已經第幾次了？」辦公室裡同事發出哀號，憤怒地長按開機鍵暴力開機，看著螢幕進度條慢慢地跑著，心裏只能祈禱剛才打到一半的文件有存檔。

如果你對這場景有共鳴，就知道那種等待的焦躁與不耐。每天全台灣有多少企業、多少現場、多少人因為設備造成的故障、小停機而浪費多少時間？說不定只要拿掉全台灣所有設備故障問題，國內生產毛額可以提高至少 2%（我覺得很有機會）。

所以請別再輕忽內部設備平日的維修、保養基本功了！

2. 品質不良

「生管部新來的阿明怎麼一天到晚出包？倉庫的王姐每天盯他的發料單，一有問題就都要等他重算生產品項、數量跟替代用料，我們就什麼都不用做，等他就飽了。」

品質很重要，大家都知道，不只會造成重修或拋棄的浪費，對於接下來工序或服務流程的人來說，等待的浪費更是不能輕忽，所以品質第一真的不能再當口號了。

許多公司老闆或管理者都會質疑初期品質投入的效益，這種就像開車繫安全帶一樣，只要沒出事你都覺得多此一舉，但是只要你想清楚出事的代價，你就覺得值得。如果算清楚因為不良品造成的重修、報廢、檢查、商譽損失，甚至是後續安全庫存的提高等都列進去考量，細思極恐啊！

✂ 第三類：流程銜接造成的等待

除了製造生產端可能因為工作安排、設備或品質問題而讓人員等待，間接單位（辦公室）其實有更多等待的浪費，端看你有沒有細心注意過而已。

「我還在等主管說這事要怎麼做。」（所以你就慢慢等？）

「底下的人沒有把報告交上來，我怎麼判斷呢？」（所以你就慢慢等？）

我曾在客戶公司會議室牆上看到一則標語海報，至今還印象深刻：「寧可撈過界，不要踢皮球。」

對於流程銜接所造成的等待浪費，與其等待不如往前更進一步，設法讓事情儘快完成。

> 要檢討流程順序、工作分配，那都是後話，
> 重點是當下的行動才是決定價值的所在。

最後我很想談的是「等待的浪費」其實跟動作的浪費很像，它們倆並沒有辦法創造數倍或數十倍以上的效率，但他們就是你每天在現場、在辦公室都會碰到的情況。

重點還是在於「發現異常」的能力，簡單來說你有沒有自我體察到問題、浪費？還是就只是覺得「太陽底下沒有新鮮事」，舊有的流程、設備、問題、方法都是合理的？

只要你願意看到，哪怕只是 3 秒的等待都能夠揪出來，而不是覺得「這沒辦法」、「本來就這樣」那麼相信一定會有進展的！加油。

第・三・章

增進效率

3-1
理順序：讓製造品檢流程順暢不停滯

如果大家還記得國高中時代學習地理科目時，有談論到台灣河川的特色，雖然台灣降雨量豐富，但由於地形陡峻，與中央山脈的分水嶺造成河川普遍短小流急，雨水落到地面以後很快地經由河川水道排放入海，能夠以河水或湖水的形式停留在陸地上供我們使用者非常有限，因此只好興建水庫攔蓄雨水，以增加可利用的水量。

但如果我們把台灣河川的原生特色轉化成製造或服務的流程來看，那麼這會是一個非常棒的模式。

> **因為從原料投入（雨水降下）到產品或服務產出給客戶（排放入海），所需要花費的時間短，相對來說客戶體驗好、公司現金週轉轉速度加快，營運週轉天數低，自然公司財務體質也就不會差。**

以河川來說，水庫就是破壞水「流動性」的斷點。水庫的存在會將河水阻擋，淹沒河岸兩側地區，形成一個人工湖泊，原來河道兩側的農田、屋舍都將因而沈入水底，除了遷村造成居民生活不能調

適的問題外，原本的農地也不復具有生產的價值。

而對於企業內部可控的變因來說，如何消除「斷點」就是我們應該努力挑戰的地方，

> **因為「斷點」會造成半成品庫存的積壓、**
> **搬運的浪費、人力的重複投入。**

你說有這麼嚴重嗎？就讓我們來看看企業實際改善案例吧。

✂ 品檢近線化活動

近來在上海與福州的輔導客戶都不約而同地推行相同的改善作法，就是怎麼將品檢工作「近線化」。這是很迫切的課題，過往大家總認為製造歸製造，品檢歸品檢，功能別或是部門別雖然不同，但其實中間產生許多浪費，及衍生製造與品檢單位的管理難題。

例如生產完後要先放入收容箱中，再一箱箱搬到台車中。然後再將台車運搬到檢查線，檢查人員一箱箱搬下台車，再從每一箱中一件件拿出來檢查，最後再把檢查完的產品又一件件放回出貨箱中準備出貨。這段繞口令聽起來是不是就很麻煩、很浪費呢？

上段文字其實就包含了三大浪費：

⇨ **運搬的浪費**
⇨ **中間庫存的浪費**
⇨ **庫存造成空間的浪費**

省下

① 搬運的浪費

② 半成品庫存的浪費（空間）

③ 生產速度加快（減少停滯）

" 另外把品檢獨立出來，對製造端來說會有一個大問題，那就是讓製造端失去對於品質的憂患意識。 "

✂ 減少不良品、提升品檢效率

　　兩岸還是有許多中小企業甚至上市公司都還是會出現「反正好或不好，後面有人幫我擦屁股，我只要想辦法把量給趕出來就好」的

想法。檢查工作近線化，能夠把品質問題給及時回饋，讓製造端立即知道問題發生，而阻絕過多不良品的產生及損失。

而把檢查工作「近線化」對於品檢工作則還有一個好處，就是可以提升品檢工作的效率。

若將製造與品檢工作分開，品檢人員對於生產節奏並不會有太多感覺，實務上我們常可以看到同樣的檢查工作，A 品檢員每小時可以檢查 30 件，而 B 品檢員則每小時檢查 20 件。當前面沒有催促的壓力，B 品檢員可能就慢慢做，到了即將下班時發現今天進度落後而加快腳步，結果因為速度加快而忽略掉許多該檢而未檢的項目。

若將品檢工作與製造端聯結起來，依照生產節奏配置品檢人員數量，追求製造及品檢節奏的一致性，也就是製造一件的時間等於品檢一件的時間，如此一來品檢工作也能夠有標準可供遵循。

✂ 讓製造與品檢連結

於是我們可以發現將製造與品檢工作聯結，有三大好處：

⇨ 消除浪費 (運搬、庫存、空間)
⇨ 強化製造端的品質意識
⇨ 品檢效率的提升

所以當我在進行企業輔導時，非常喜歡請同仁們拿出公司廠區的 Layout 佈置圖，設定好一個主力產品為例，將其原料、零件的放置處開始，在地圖上依序繪製出流向。這時候最常聽到的驚嘆是：「為

什麼需要走這麼多的距離？」、「用貨梯搬到二樓加工再運下來的用意是？」、「怎麼路線會是曲曲折折甚至還有逆流的情況呢？」。

因為過往台灣企業在配置生產區域或設備時，總會以工作形式作為分類基準，例如沖壓設備全部置於沖壓區，組裝作業全都在組裝區等。但這種規劃方式造成的問題就是長距離的搬運，以及因為工作站分離所造成的半成品庫存及搬運。

> 所以「理順序」的目的有兩個，第一點「依照作業順序銜接工作站」，以減少逆流或搬運距離過長的情況。
>
> 第二點「盡可能合併工作站」，透過工作站的合併以減少搬運及庫存產生，甚至還能夠達到重新配置所需人力的效果。

思考製造或服務的流程是否存在「斷點」？

如何透過理順序的方式，縮短前後工序的距離以節省搬運作業耗時，或是重新確認前後工序合併的可能性，直接省去半成品的庫存堆積。

把點連結成線，如同台灣的河川一樣短小流急，才能創造反應快速、效率迅速的流程價值。道理聽起來似乎很簡單，卻非常值得大家回頭檢視自己或團隊工作流程，相信一定能夠為你帶來收穫。

3-2

生管端平準化：化整為零、風險趨避的生產模式

別誤會，這的確是一本專業論述精實管理的書，但我們要來玩個小測試，測試看看你對於風險的承受程度為何？以下有兩個選擇：

⇨ 一、是份穩定不變的工作，月薪 5 萬元
⇨ 二、是份變動劇烈的工作，每個月有 50% 的機率拿到 2 萬收入，另外 50% 則是 8 萬元

給你一首歌的時間，相信選擇①的人會佔多數。不論從經濟學、心理學或金融角度，風險趨避者（risk aversion）是人之常情，畢竟人類在族群演化、社會演進過程中，追求相對穩定的狀態是族群社會長期發展的關鍵。所以我們喜歡制定計劃、思考規劃，又最害怕老闆臨時一句話（單押 x3）。

聽到這邊，你一定想說到底這關豐田精實管理啥事？好的，我們要來進入正題，探討豐田之所以在全球汽車業能夠橫著走的關鍵：「平準化」。

剛才的小測驗中，既然大多數的人都是風險趨避，那麼企業組織負擔那麼多家庭的工作生計，難道會走冒險犯難的路線嗎？好吧，

我知道詐騙集團除外。然而對於製造相關產業來說，又何嘗不希望有穩定的生產機制，而不是三天捕魚兩天曬網。忙的時候買機台、招聘人力、加班，空閒時設備閒置、放無薪價，這種膽戰心驚的經營模式別說老闆不接受，要是員工估計也受不了。

那究竟所謂的平準化代表的意思是什麼呢？

> 平準化生產就是將每日所需生產量的落差
> 予以平均，謀求生產量變動縮小。

✕ 沒有平準化遭遇的生產問題

我們就來當個企業生管部門試著排程看看吧！現在公司要生產三種產品，A 產品一個月要 30 萬件、B 產品一個月 3 萬件、C 產品每月 18 萬件，而傳統生管單位的排法就是 A 產品生產 10 天要用 15 個人，B 產品生產 10 天用 7 個人，C 產品最後也用 10 天時間生產所需 12 個人。（因為產品工法、複雜度及所需設備造成所需人力的差異），於是 A、B、C 三種產品就是各自分批生產，如此一來會產生幾項問題。

人力需求的不穩定

A 產品要 15 人、B 產品 7 人、C 產品 12 人，這樣公司製造現場假設編制 15 人，那麼生產 B 產品時要考量閒置 8 名人力問題，又生產 C 產品時要設法從其他單位徵調 3 人進來。

供應商大批量供貨

由於我們內部生產排程都是一口氣生產完單一產品的作法,所以物料零件的準備也會提早向供應商拉貨準備。為了應付供應商大批量一次性的供貨方式,我們在內部倉儲空間上也要準備相對應的空間及倉管人力在。

對應變化的靈活度低

由於我們都是採取 A、B、C 三種品項的大批量一口氣生產,如果客戶端臨時需求有所變動,或是市場景氣突然萎縮或上升,都會讓生產對應有所不及。

例如這個月已經到了 25 號,我們已經在生產 C 產品趕著月底交貨,如果客戶突然說 A 產品要追加 2 萬件,或是 B 產品希望調降 1 萬件,我們都已經把計畫量生產完畢。追加部分還有機會加開班次或增加人力設備對應,但調降部分就只能繼續放在我們倉庫中佔用空間甚至造成品質問題。

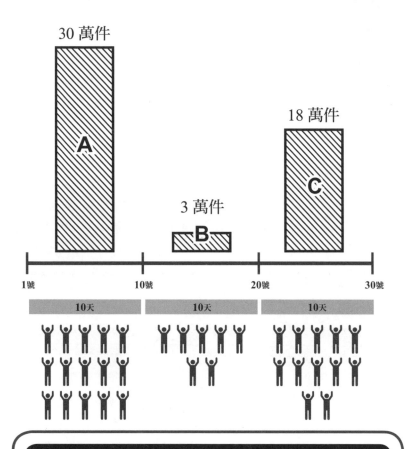

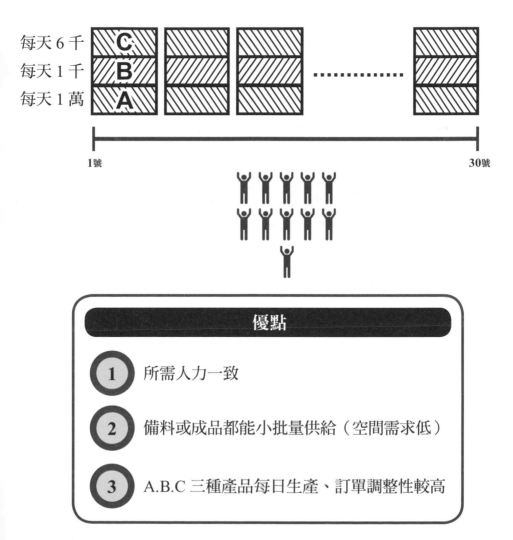

每天 6 千
每天 1 千
每天 1 萬

1號   30號

優點

1 所需人力一致

2 備料或成品都能小批量供給（空間需求低）

3 A.B.C 三種產品每日生產、訂單調整性較高

⚭ 平準化生產的處理流程

而理想中的平準化生產是什麼狀況呢？每天 A、B、C 產品三種品項都各生產 1 萬件、1 千件及 6 千件，人力配置也能夠定著以 11 人進行生產。

究竟這樣做的好處在哪裡呢？

首先平準化能夠讓整個生產體系處於一個「相對穩定」的狀態，內部能夠以固定的人力配置進行所有生產作業，無須擔心因為人員頻繁更替造成效率降低、品質問題等影響。

而對外部供應商來說，如果從每月一回的大批量交貨改為每天交貨形式，不僅在交期、品質上的表現會提高，供應商也會有安心感。

重點是公司對應客戶或市場變化的能力會增強，因為每天所有品項都有進行生產，不論在月初、月中或月底，風吹草動都能夠適時調整。不會造成大量完成品存貨堆積在倉庫滯銷的情況。

⚭ 生產無法平準化的瓶頸

所謂的生產平準化對於台灣汽車相關企業，特別是有供貨給國瑞汽車（Toyota）的一階或二階供應商都已經駕輕就熟。

然而從 2012 年開始接觸例如台灣的手工具、食品、機械等企業時，這會發現許多企業因為對應國外客戶訂單需求不穩定的關係，因此都還是採取大批量一口氣的生產方式。當然也有台灣廠商是因為過往習慣的排程方式沿用至今。

當我們切入進行輔導改善工作，就會思考究竟問題真正原因出現在哪？

> **先講結論，生產無法達到「平準化」最大的瓶頸就在於「換模換線時間」，也就是切換產品生產的能力。**

　　試想如果從 A 產品要切換至 B 產品生產，物料的更換、舊模具的拆卸、新模具的更換組裝、設備條件的設定及總總微調工作，可能要花費超過半天的時間（相信我，這很常見），所以如果每天都要生產 A、B、C 產品，第一個碰到的困難，光是換模換線就佔用絕大部分的工時，這是硬傷啊！

　　所以我才說光是換模換線時間就會讓絕大多數的企業卡關。至於怎麼縮短換模換線時間，我們將在後續章節討論。

> **生產平準化的目的，是希望將客戶需求高低的落差消弭，透過內部快速切換產品品項生產的能力，讓供應商供貨、內部人力配置、庫存產出方式都能夠有穩定一致的效果。**

　　在實際企業輔導過程中，有過許多經理人挑戰說「頻繁換模換線反而影響生產」、「急單需求怎麼做平準化」等質疑，但換模換線是應該被優化，所謂急單往往也從接單到交貨也都還有一定時間緩衝。

　　重點在於你是否真的願意為了更好的未來而放棄、改變現有的作法，這才是關鍵。

3-3

製造端平準化：團體戰的平衡分工就能提升產能

在台灣前五大汽車零件廠的製造現場，鄉民口中「神車」的座椅鎖生產線面臨到產能不足，需要每天加班四小時的情況，看著現場三位作業員的動作，還不需要碼錶或手機進行時間調查就已經直覺反應：「這還有救」，因為看到後面兩位作業員在完成一件產品後都會出現等待的時間。

在全球最大工業用剪刀製造商的生產線邊，外籍勞工每五個人一條生產線，正馬不停蹄地組裝產品。公司希望藉助顧問的專業，在訂單需求越來越高、員工卻越來越難招募的情況下，還能夠維持過去 10 年來的高成長曲線。在看到生產線各工作站間作業員堆積半成品的狀況，我們笑著跟副總說：「這沒問題」。

以上兩個改善案是近幾年非常經典的企業輔導實例：

> **最大的特色就是在公司不調整任何工法、不額外增加支出的情況下，卻能夠為該生產線提升超過 20% 以上的生產效率，創造每年超過 50 萬新台幣以上的價值。**

究竟是什麼好用的法寶讓我們能做到這件事呢？

✄ 為什麼光是平準化就能提升產能？

生產線上有 A 員、B 員、C 員三人，三個人負責的工作有順序性的前後關係存在，每人單件生產工時分別為 37 秒、30 秒及 23 秒，那麼每小時能夠生產幾件呢？讓我們低頭倒數 10 秒鐘（10.9.8.7.6.5.4.3.2.1）時間到，答案是 97 件（3600 秒除以 37 秒），因為 A 員就是整條產線中的瓶頸所在。

> **所謂平準化就是試圖將產線工作進行平衡分工，讓每個人的工作負擔一致，進而讓整條產線達到最大生產效率。**

如果以上一段的計算題為例，我們把 A 員、B 員、C 員的工作時間加總為 90 秒，如果平均分攤給 3 位就是 30 秒、30 秒、30 秒，那麼每小時能夠產出 120 件完成品。

我們僅只是調整作業員間的工作內容，就能夠創造超過 20% 以上的效率。

前慢後快 等待時間

前快後慢 庫存堆積

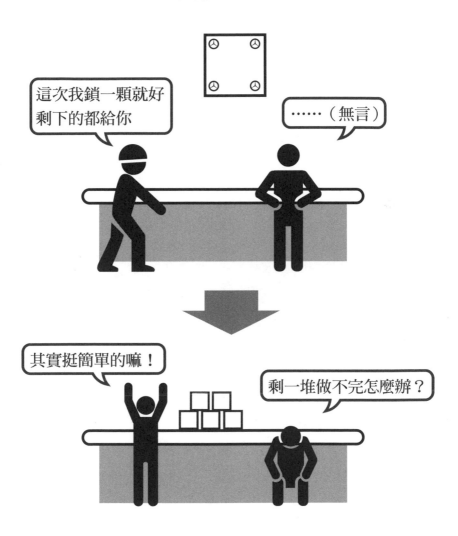

✂ 為什麼企業內常常做不到平準化？

「顧問，如果平準化真的像你說的這麼神奇，為什麼公司內部卻沒辦法自己做到呢？」

既然這種方式太簡單，那我來跟大家解析為什麼許多台灣企業無法做到呢？

問題一：以工作內容分工，而非工作秒數

這種工作分配方式最常見於公務機關體系或官僚系統，你負責挖洞、我來種樹、他回填土，至於誰的手腳快慢、工作難易都是各掃門前雪。今天我沒來種樹，前面還是會有人挖洞，後方的人依舊回填土，對於產品製程的完整性在乎的人少之又少。

問題二：以設備機台分工，而非工作秒數

生產方式如果是以機器設備為主，作業人員最簡單的編制就是一個蘿蔔一個坑。既然在實體距離、操作方法上有差異，所以每個人專注在自己工作範圍，缺乏整體概念。每天工作的重點就只著眼在自己負責的機台上。

問題三：以工作能力分工，而非工作秒數

工作因為熟練度差異，加上對於現場教育訓練的不重視，造成「蜘蛛人效應」（能力越強，責任越大），這對公司來說並非好事。因為職場老鳥的負擔越來越重，菜鳥則因為工作熟悉度低被安排在簡單、重複性高的工作。

如果如果你想針對公司內部製造或服務流程進行「平準化」改善，那麼下列是我建議的幾個重點，也是許多企業過去自行摸索無

法突破的關鍵。

✂ 拆解工作細項達到平準化

在企業輔導的第一線，許多人都會好奇問我說：「顧問，工作我們已經盡量拆解了，但還是沒辦法達到平準化。」

其實你看到的只是工作名稱，應該看到的反而是作業細項。

例如前工序 38 秒跟後工序 32 秒之間差了 6 秒鐘，但前工序的最後一項作業是以電動螺絲起子鎖附產品四個角落的螺絲，可是有人規定四顆螺絲都一定要同一位作業者鎖嗎？

如果我們把對角線兩個螺絲交給下一位作業者鎖，那麼就有機會讓前工序減少為 35 秒，後工序也是 35 秒的工程平衡狀態。

✂ 人員的多能工訓練達到平準化

許多公司想要進行平準化的改善，最大的問題點是員工無法以時間進行工作內容的劃分，而是以單一工作項目、設備機台學習工作。

這並非作業者的問題，因為技能培訓、定期輪調等以「多能工」為目的的訓練，是企業的責任，也只有企業體認到這件事才有辦法推動後續更多的精實管理相關改善活動。

所以平準化說起來也是一種公司改善決心的試煉第一關。

> *最後要來教大家怎麼在工作職場快速找出能夠進行「平準化」改善的切入點，記住這兩句口訣就能夠看出不平準的問題。「前快後慢，庫存堆積；前慢後快，等待時間」。*

　　簡單來說如果你看到流程中有庫存堆積的情況，那麼反射性就應該想起存在前面工序比後方工序快，由於後方應接不暇才會造成半成品的堆積。而如果發現流程內有人存在等待時間，代表前面工序比後方工序來得慢，所以後方工序每完成其工作後仍存在時間進行等待。

　　分秒必爭的一級方程式（F1）賽車，車手駕駛著高性能的賽車以時速 300 公里速度在賽道上狂奔，然而除了各車廠車子性能、車手技術外，更換因高速而磨損的輪胎也是取勝的一大關鍵。當車手以 60 公里的時速駛入維修站，在前方技工以千斤頂架高車體後，12 名維修技工要憑藉著精準的技術、每年上千次的練習及事前分工的完備，只需 2 秒左右的時間就同時更換四個輪胎！每次當我看著電視螢幕那種團隊合作的極致呈現，不就是企業追求生產或服務流程平準化的最佳表現嗎？

3-4
生產端一個流：避免批量生產的停滯與浪費

這一篇我們終究要碰觸到這個禁忌的議題，這是一個我過去十年在兩岸企業間輔導企業推動精實管理的最大阻礙：「一個流生產」。

> 先開門見山談一下何謂「一個流生產」？
> 顧名思義就是希望產品在加工製造的過程中，
> 不採取批量生產的方式，最極致的作法就是
> 以「單個」為單位進行生產，
> 做完一個馬上傳遞到下個製程。

如果要用一句話解釋就是「做一個就交一個」，聽起來好像並沒有太多困難，但為什麼我會說這是精實管理的最大阻礙呢？先來看看下面這個故事吧。

某世界第一的鎖類產品製造商，在 2012 年時遇到每日產能要從第一季每日 45000 件要提升到第四季每日 85000 件的重大挑戰。需求要在短時間內提升近 90％，公司接到這樣的大訂單，想過要以大陸廠協助，但大陸廠也訂單滿載還有關稅、運費、時間等問題。

擴建生產線？但是接近翻倍的訂單量，公司現有廠房也沒有多餘空間可供運用。

這個時候這家企業找上我們，希望透過精實管理的幫助，挑戰這個幸福的負擔，畢竟訂單滿手是好事卻也令人苦惱。

於是當我們進到廠房時，發現了兩個重要問題將會是突破的關鍵，而這恰好也是「一個流生產」的障礙，分別如下。

避免工程分散

前後製程分散，來自於過往設計規劃時追求各功能的最大效率，但卻忽略單點效率最大背後隱含的各種浪費。

舉例來說如果今天我在廚房負責洗水果，老婆在屋外車庫切水果，因為距離上的隔閡，我勢必會先拿一大籃水果出來洗，洗完後才會整籃搬過去給老婆切。所以就會產生庫存問題及搬運動作，這在之前「理順序」一文中也曾提過。

避免批量生產

另外批量生產也是一個容易讓人誤解的生產方式，所謂的批量生產就是一次性大量生產單一產品，以追求在生產效率、切換時間、人力配置的最佳化。

但為何我會說這是誤解呢？因為批量生產是以「點」的角度在看效率，卻忽略整體過程可能造成的問題，就好比是做到了戰術上的勤勞，但依舊無法掩蓋戰略上的不足。

以水果的例子舉例，小孩明明就只想吃一顆蘋果而已，但因為爸爸在廚房洗了一大籃，搬到車庫給老婆切，小孩早已不堪等待而哭暈在地上。

所以就洗水果或切水果來說，速度都很快，但問題就整體流程來說卻是慢的。

✕ 一個流生產的效率提升

於是我們在這家企業協助將工程連結，並且擺脫批量生產，改以一個流生產，最終達成了一個極為驚人的改善效益。在廠房無擴建、設備未購入的狀態下，我們僅以直接人工增加 20% 的條件，成功創造了產能提升 88% 的戰績。

在改善過程中，有許多來自於現場的質疑聲音：「這樣做不會比較好啦」、「你們不懂我們這一行」等，但實際成果終會證明一切，也讓公司全體上下成為精實管理的最佳實踐者。

看到這邊你可能還是會覺得我好像是某種神秘教派的宣教者，帶著安全帽、穿著白襯衫、騎著自行車在路口等紅綠燈時告訴你精實管理有多好。又或是希望有一群穿著紫色衣服的信徒雙手合十嘴裡喊著「感恩精實、讚嘆精實」。可能上面的企業改善事蹟太像使用者神蹟見證，為了避免被說文組誤國，我們來換個方式進行吧？

✕ 批量生產好？一個流生產好？

「嗨，大家今天過得好嗎？」很多人都說批量生產比較快，那今天我們就要來驗證究竟批量生產與一個流生產到底哪個比較好？

設定的條件如下，產品需要經過 A、B、C 三種製程，每個製程的單件生產工時都是 30 秒，製造過程中各製程間的移轉（搬運）時間我們就先不計算，如果我們需要生產 100 個完成品，那麼就來比較「第一個完成品的完成時間」及「100 個完成品的總時間」。

首先來看看第一位上場的「批量生產」選手會怎麼做呢？

批量生產在完成第一個完成品的時間為 6030 秒，數字怎麼來的呢？A 製程 100 次生產要 3000 秒的工時 (30" 乘以 100 個)，B 製程 100 次生產要 3000 秒的工時（30" 乘以 100 個），進入到 C 製程後第一個完成品 30 秒就會產出，因此第一個完成品需要 6030 秒產生。至於 100 個完成品的總時間就是 9000 秒的時間。

再來看看「一個流生產」選手的表現。

一個流生產在完成第一個完成品的時間為 90 秒。哇！跟批量生產差異好大，因為在一個流生產時一口氣完成 A、B、C 三道製程就是（30+30+30）共 90 秒的時間。那 100 個完成品的總時間呢？從時間軸來看，當第一件成品產出後，每 30 秒就會有一個完成品被產出，因此計算方式為（90+30" 乘以 99 個），100 個完成品的總生產時間為 3060 秒。

這是什麼妖術？為什麼批量生產反而會落後一個流生產這麼多呢？如果我們把產品編上號碼就更能夠理解差異了（如圖）。

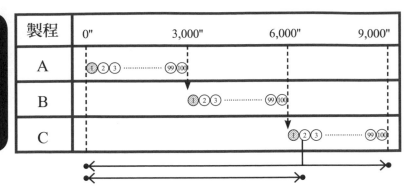

批量生產

製程	0"	3,000"	6,000"	9,000"
A	①②③ ·············· ⑨⑨⑩⑩			
B		①②③ ·············· ⑨⑨⑩⑩		
C			①②③ ·············· ⑨⑨⑩⑩	

① 第 1 個成品的產出：6,030"

⑩ 第 100 個成品的產出：9,000"

一個流生產

製程	0"	3,000"
A	①②③ ·············· ⑨⑨⑩⑩	
B	①②③ ········ ⑨⑨⑩⑩	
C	①②③ ········ ⑨⑨⑩⑩	

① 第 1 個成品的產出：90"

⑩ 第 100 個成品的產出：3,060"

149

批量生產對於生產速度來說會造成「批量等待」的狀況，也就是第一個在 A 製程被完成的產品，必須要等待第二個、第三個一直到第一百個產品都完成 A 製程後才會一起被送到 B 製程去，然後 B 製程、C 製程都是相同的問題。反觀一個流生產則讓每個產品都能夠順暢地被流動，減少等待的浪費。

　　我常在企業輔導或授課時會用這樣的例子來說明，批量生產就像是電梯一樣，就算你是第一個進電梯，你也要等待後面的人陸陸續續進來後才能往上面樓層跑。而一個流生產就是手扶梯，無需受到其他人牽絆，一個個順暢地向目的地移動。

　　其實一個流生產不僅在效率面有高度優勢，在人員心理層面更能使其專心，我們將在下一篇繼續說明。

3-5

資訊一個流：避免簡單的事情做太多

《三國演藝》作為中華文化中首部歷史章回小說，從元末明初至今帶來深厚的影響，不僅在思想觀念、價值取向外，甚至近年來日本的動漫、電玩等作品透過精美的人物設定，及融入現代觀念的解讀，成功將三國元素推向世界，成為娛樂文創產業的代表之作。

等等，這跟精實管理有什麼關係呢？我們先來看看《三國演義》第五十四回，吳國周瑜向孫權獻計，劉備喪妻，要孫權招其為妹婿。而諸葛孔明將計就計，派人前去吳國說合親事以結為盟國。孫權答應後便請劉備前去吳國完成婚事，劉備怕有詐不敢前去。這時孔明向劉備表示：「吾已訂下三條計策，非子龍不可行也。」接著喚趙雲上前說到：

「汝保主公入吳，當領此三個錦囊。囊中有三條妙計，依次而行。」

後面故事就是俗話「賠了夫人又折兵」的由來，在此就不贅述。

前一篇文章從生產效率告訴大家「一個流」的好處，不僅能夠減少停滯及搬運，更能夠快速找出品質問題不讓傷害擴大。而今天我們再從資訊情報端來檢視看看是否也能一體適用呢？

不論你在高科技、金融服務、文創或製造業，隨著資訊科技的進步，你在工作中所能接觸到的資訊量大幅增長到幾乎是不能負荷的地步。的確，我們都會有害怕資訊不足造成判斷失誤的焦慮症，但資訊過剩同樣也會混亂工作的優先順序。

因此早在 1963 年豐田汽車即在公司內部全面推展世界知名的「看板生產」方式，其目的跟產線的一個流生產相似，都是希望需要的東西，在需要的時候，只提供需要的量即可。

在接觸台灣許多中小企業的製造現場時，最差的情況就是生產管理部門僅提供每日所需品項及數量，交由製造單位自行規劃排程、人力配置等（你覺得很 low，就我所見就算股票上市公司都有）。

那麼實施精實管理的企業會怎麼做呢？

✂ 不多給，不多做，不只做簡單的

讓我以客戶為例向大家說明，位於彰化鹿港的 K 公司是全台灣汽機車後視鏡的最大供應商，生產管理人員事先將所有今天所需產品及數量透過數十張看板（生產指示）拆解成以箱為主的單位，接著依序投入平準化箱中。

所謂平準化箱，就是透過時間軸上的切割，將每天工時細切成每 30 分鐘為單位的小格，並將每一張看板（生產指示）置入其中。

生產線的班長就如同文章一開始所提到的趙子龍一般，每 30 分鐘就打開錦囊，裡面就會告訴大家接下來要生產什麼產品、要生產多少的量。

月　日「批量成形箱」				
交貨時間 交貨處	1便 8:00	2便 10:00	3便 14:00	4便 16:00
A社　a 工場				
A社　b 工場				
A社　c 工場				
B社　e 工場				
B社　f 工場				
B社　g 工場				

這時候你一定會疑惑：「當天要做哪些產品早就決定好了，為何要多此一舉，設計看板還要放入平準化箱呢？」

這其實跟人的心理因素相關。

你是否曾經在星期天雄心萬丈地在行事曆上列出一大串的本週待辦事項，期許自己「昨日種種譬如昨日死，今日種種譬如今日生」。結果一週過去了，你發現簡單好做的事項都很快消除，可下意識排斥的事項怎麼樣還是留在原地，或者騰到下週待辦事項繼續騙自己呢？

因為我們理智上都知道哪些事情重要，但重要的往往不容易，但罪惡感爆棚的我們就只好先做點簡單的工作，至少帳面上我們十件事已經做完八件事來規避良心譴責。

簡單的事先做，會在工作職場上產生這三項缺點：

⇨ **需要時無法及時供應必要的產品服務（缺貨的風險）**
⇨ **容易造成簡單的產品做太多的浪費（多做的浪費）**
⇨ **生產順序的紊亂讓資源配置無效率（等待的浪費）**

> **在工作現場真正所需的資訊其實並不多,如果作為管理者因為資訊焦慮而提供過多資訊給第一線,不但是種浪費,也容易誘發人員不自覺靠往「簡單的事先做」傾向。**

用生活情境為例,餐廳內場廚師如果在用餐尖峰時刻同時收到大量點餐單,廚師們權衡著一份早早下單的麻婆豆腐與三份後來才到的涼拌冷筍,很容易就會想先把冷筍擺好、美乃滋擠上後先出單。但是作為顧客的角度看到隔壁桌明明比較晚點餐,為什麼他們的菜卻比我先上?這時候客戶的不滿情緒就容易出現。

一個流的重點就在於依照需求適時提供產品或服務,過量的資訊情報反而會造成人們困難趨避的幫凶。

✂ 只提供必要的情報與資訊

所以豐田汽車早在 1953 年就就思考到這層因素的影響,而東漢末年諸葛孔明想必也是思考到這點,所以才會特別叮嚀趙雲錦囊妙計需要「依次而行」的重要性。三個錦囊的內容依序是:

1. 五百軍士披紅掛彩,宣傳劉備入婿東吳
2. 謊報曹操發兵荊州,要劉備速回坐鎮
3. 請孫夫人出面拖延,讓第一波追兵無功而返

試想趙雲如果一開始就直接打開三個錦囊,依據人類有「簡單的事先做」傾向,那麼有極大可能他會先挑第二個錦囊來執行,於是

劉備直接返回荊州。接下來三國的故事就會成為架空的歷史重新改寫了（笑）！

所以請各位不論是進行個人或團隊工作規劃時，通過本篇「資訊一個流」的概念：

> **你應該先確定各項任務的先後順序，**
> **接著提供相關人等「當下」工作任務的**
> **必要資訊（如產品名稱、所需工具設備、**
> **所需時間、人數）即可。**

情報資訊共享是現代組織管理的重大議題，但就執行面而言，過度的資訊共享反而容易造成第一線的困擾與錯誤，提供給各位參考。

3-6
快速換模換線：降低庫存、因應變化的利器

從 2017 年開始，台灣某餐飲集團邀請我去指導「精實管理」、「5S 活動」及「目視化管理」三大議題。

由於上課學員有全台六大品牌、35 個據點的內外場主管，所以公司特別安排我到分店去觀摩外場帶位、收桌等接待服務，還有平常難以窺見的內場料理現場。一方面我藉由現場訪查瞭解作業內容、管理方式等，其實我也從中菜師傅在廚房內場歎為觀止的炒菜功力、出菜速度，體悟到其實許多管理原則是能跨產業相通的。

> **先來談談「快速換模換線」，這是日本豐田汽車因應消費市場越來越多變的需求，而發展出來的技術之一。**

說個題外話，其實許多管理理論或技術並非不食人間煙火躲在辦公室、實驗室內所做出的推導，相反地是因為現實環境的需求而產生的實務經驗歸納而成。

回到文章一開頭我所提到中菜師傅的料理畫面，恰巧就是快速換

模換線的呈現。首先你要先認識這三個名詞「外段取」、「內段取」
與「調整時間」：

⇨ **內段取**：設備停下來後才能做的跟換模換線相關的事情。
⇨ **外段取**：設備不用停你也能做的跟換模換線相關的事情。
⇨ **調整時間**：指人員需要憑藉經驗、技術做設備位置、條件等精密微調（也是換模換線作業）。

接下來我們就來看究竟日本豐田汽車在 1950 年代就已經能把四小時的換模換線時間縮短成十分鐘以內是怎麼辦到的？請看 VCR！喔不對，我們這是書本，那就請聽我一步步拆解給你看吧！

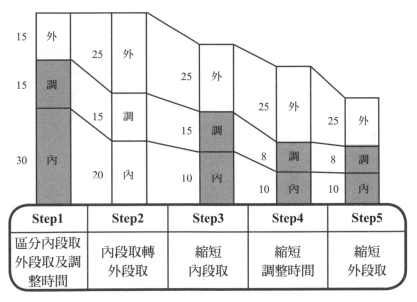

Step1	Step2	Step3	Step4	Step5
區分內段取外段取及調整時間	內段取轉外段取	縮短內段取	縮短調整時間	縮短外段取

註：設備真正停機時間＝內段取＋調整時間

以此圖表為例從 Step1 時的 45 分到 Step5 時降為 18 分

❈ 區分外段取、內段取及調整時間

如果你有看過《中華一番》的動畫，勢必對李嚴與小當家之間的龍蝦三爭霸中那句：「所以我說那個醬汁呢？」印象深刻。為了滿足客人的口腹之欲，廚師對於時間的掌控度十分重要。而時間是動作的影子，如果我們想解決問題，那麼第一步就先從拆解動作問題開始。

先重新省視過一次換模換線的所有動作，把所有作業內容逐項拆解並區分成外段取、內段取及調整時間。

通常沒有做過快速換模換線改善的作業，內段取佔整體時間的比例可能會高達七成以上，自然設備停止運轉的時間（非稼動工時）就來得多。

❈ 內段取轉外段取

以我觀摩台灣大型餐飲集團內場作業的實況，中菜師傅之所以能夠以兩分鐘的速度完成一道菜，最重要的關鍵就在於內段取轉外段取上。

如果是我自己在家裡做個牛肉壽喜燒（老婆對不起，我知道我很久沒下廚了），我事前備料就要花 20 分鐘、煮完後還要先龜毛地洗完鍋鏟才願意上菜，而這些其實都可以利用外段取完成。

中菜師傅在內場會有二廚、助手等「事前準備」材料及「事後處理」收尾，透過這樣的拆解分工，才能夠把原子爐停下來沒在炒菜的時間降低，讓客人等待的時間減少。

回到職場上，目前換模換線時的工作究竟有哪些才是非得停下產

線才能完成？又有哪些是可以事前準備及事後處理的呢？例如下個
產品生產前的材料、空箱、模治具的準備到位就能夠先做好，而拆
下的模具，做完的最後一箱完成品入庫則能夠事後再處理而不急於
停線時花時間在上面。

❈ 縮短內段取

我很愛看料理節目，所以像是台灣的阿基師、詹姆士或是歐美的
戈登拉姆齊（Gordon Ramsay）、傑米奧立佛（Jamie Oliver）都
是我的偶像，每每在節目上看到他們傳授許多小撇步如何讓牛肉更
快熟、讓米更容易入味，這些縮減時間的妙方是大廚們千百次烹飪
過程中所積累的經驗，也讓大家節省更多失敗的成本及瓦斯費用的
節省（好好好，天然氣也行）。

當我們把部分的內段取時間轉為外段取後，剩下來避無可避，我
們能做的就是如何用更簡單方便的方法完成它。

例如我常在製造現場看到許多企業的模具拆卸及裝載的過程中，
大量使用螺絲作為固定的工具，但其實你可以試著在安全及品質的
前提下，試著減少螺絲數量或用夾具取代。

因為如果你拆一支螺絲需要 30 秒，那也代表著鎖回去也要同樣
的時間耗費，更不用提工具的不同、人員熟練度的差異等。

❈ 縮短調整時間

雖然大家總愛詬病中式料理在廚師技能養成上存有太多模稜兩
可的地方，就跟很多料理節目看到大廚一邊拌炒著肉片，然後說著
「接下來我們要調味，鹽巴少許就好」，可是他口中的少許卻是小

湯匙挖了三、四匙，甚至最後勾芡前嚐了味道後覺得不夠還可以再來兩匙。

不過現在餐飲集團的內場作業為求各家分店口味水準的一致性，在最後調味階段依照不同菜色、人數份量，甚至加入時間點，都會有固定的標準作業可循。

但其實對於快速換線換模作業來說，我們必須大幅減少人控因素，所以包含像是定位點的對齊，或是不同產品條件在設備上做成頻道按鈕選擇，都是具體對策。

✂ 縮短外段取

如果在廚房中大廚獨當一面，但眾星拱月卻有二三十人，雖然大家都是分擔著各種外段取工作（例如洗菜、備料、切菜、擺盤、清洗等）但效益還是不高。

因此快速換模換線的最後一步也會針對外段取作業進行改善，例如每天麻婆豆腐要接受超過 100 份訂單，代表著盒裝豆腐要用人力以菜刀切八刀成豆腐丁，於是早上十點可能就有兩位助手揮汗如雨處理著堆積如山的盒裝豆腐。這時候如果有台簡易設備處理豆腐切丁，那麼助手們的工時就能夠拿來做更有附加價值的工作。（這是大型便當工廠的真實案例）

如果企業針對快速換模換線已經能夠考慮到縮短外段取階段，那麼要先恭喜您，因為想必公司在換模換線的速度上已經具備相當程度了，但好還要更好，外段取所耗費的人力、時間也不能忽視。

快速換線換模是一個非常重要的改善手法，其目的是為了降低企業在生產單一品項的產量，以避免大量庫存的發生。

3-7
不要再當台幣戰士！買設備永遠是改善活動的最後一招

前兩天阿偉在電話中炫耀說，他在網路上花了八千多塊買下當年很哈的 Jordan12 代球鞋，馬上穿去河濱公園打球，結果一個人遠投近切殺進殺出，甚至還打贏報隊的甲組球員。

你心裡想：「這個阿偉的球技普通，連我阿罵都守的住，怎麼可能換雙鞋就有如此奇效？」

昨天晚上回家老婆說她請代購從日本扛了一台水波爐回來，要我隨便點餐她都能生出來給我。她一邊看著《地獄廚房》節目，一邊笑著參賽選手說：「不會用水波爐嗎？煎炒滷拌烤，樣樣難不倒。戈登主廚不要太猖狂，我的肉絕對是熟的。」你看著餐桌上焦黑的荷包蛋，心裡想著：「不是買了水波爐嗎？為什麼還要煎荷包蛋，而且熟好像不等於焦黑。」但寶寶心裡苦，寶寶不能說。

為求婚姻和諧在此鄭重聲明我老婆廚藝真的好。以上是節目效果，請勿誤會。但上面兩則看似荒誕的故事，其實在企業裡經常出現，而且不分產業、上市櫃與否都有的一致性思維：將購買新設備作為內部改善的最佳解。

這兩年有許多競爭焦慮症的企業經營者不約而同向我問到：「我們想推自動化、工業 4.0，到底應該怎麼做？」

甚至到了許多製造現場會看到閃亮精緻的機械手臂、資訊密佈的螢幕看板、多如牛毛的電眼檢測裝置。料想企業老闆應該引以為傲，但卻看到的是愁眉苦臉抱怨資本支出過高，設備攤提折舊造成產品競爭力下降。

⊗ 解答其實常常在自己身上

為什麼會出現這樣的情況？因為我們往往容易面對現有困境時，期待一個完美的解答、方案，如同救世主或救生圈一樣，只要抓緊就能解決所有問題。

> **但有時候問題的解答並不見得在他人身上，**
> **而是反求諸己就能找到。**

公司應該先針對現有流程、作業方式及常見問題進行檢討並找尋改善的可能，例如產品在製造流程中是否產生過多搬運及停滯？或是人員配置上是否出現等待閒置？品質問題來自於物料、人員、做法或是設備（模治具）精度？

製造流程中出現過多搬運及停滯，那麼應該檢討是否能夠將前後製程合併，或是透過小批量搬運來減少停滯？人員的作業方式則能夠透過人因工程學（HE）檢討物料擺放位置、雙手作動範圍、裝配角度等。

而品質問題牽涉層面更廣，包含供應商水準、防呆避錯裝置的設置與否、模治具的定位精度 ... 等都需考量在內。

✂ 有錢就真的能任性嗎?

那如果公司說「沒關係,我們就是有錢!我們就是現在就要」,有錢就是任性的情況下可能會有什麼結果呢?

⇨ 新設備並未重新考慮設置地點及順暢性,仍依照現有生產流程來配置,公司前後製程間的半成品庫存不會消失,而且搬運作業依舊存在。

⇨ 透過機器人取代人員作業,但原有人數就已過剩,導致投入太多機器人。為求生產稼動率而生產過多不需要的產品,反而造成庫存激增。

⇨ 以為新設備的加工能力提升,過往品質問題希望能獲得解決。但其實品質問題來自於供應商物料、搬運中造成的外觀損傷,無法改變不良率高的問題。

簡單來說,你想要舊屋換新家,但家具衣服等沒有斷捨離過,環境也不懂定期清掃整理,到頭來那僅是把無價值的浪費一起帶去而已。

花錢換新房子(新設備)反而沒有預期效益。

✂ 紮好馬步的改善更有效

聯華食品(1231)從 2013 年開始接受精實管理的輔導,對食品製造業來說,生產製造流程例如混拌、油炸、調味、包裝等多為自動化設備為主,人員的使用多半在於設備旁的品質確認與後段裝盒、裝箱、疊棧等人力作業。

以萬歲牌罐裝堅果生產線為例，在改善初期團隊成員們接受顧問的建議，先以「不花錢的改善」為主，仔細觀察現場的浪費、問題。一年過後在產能不變的情況下，透過產線 Layout 的調整、人員動作的整併等作法，將原有 16 人配置降為僅需 7 位作業員就能夠達到相同產能，推估一年至少能夠省下 500 萬新台幣的效益。

當改善團隊已經把現有生產方式修正至極致時，才開始評估是否有機會導入機械手臂取代人力作業進行裝罐、鎖罐。從 16 人到 7 人，再從 7 人演進到現有的 5 人加上兩支機械手臂，仰賴的不是最新的設備或技術，而是團體智慧的發揮。

這些改善過程的經驗積累，更是公司內部人才育成的重要養分。

因此，在精實管理的輔導過程包含流程優化、消除浪費、降低庫存、提高品質、縮短交期等構面。這些「日常議題」並不特別也屬常見，就算你在工業 2.0、3.0 或 4.0 都會需要做。只是紮馬步的功夫辛苦還得要大家能夠耐著性子，逐一檢視產品製造環節從廠商進料開始，到產品出貨為止的各種問題、浪費與異常。

有錢投資是優勢，能不花錢是本事

我們常說：「長得漂亮是優勢，活得漂亮是本事」，其實企業組織也是一樣：「有錢投資是優勢，能不花錢是本事」。如何在面對問題時能夠不直接購買新設備作為解決問題的對策，想辦法在「不花錢」的前提下進行改善工作，需要高階支持及改善團隊的用心才有機會達成。因為花錢買設備的作法，你想得到，你的競爭對手怎麼可能想不到？但如果你能夠在不增加資本支出的情況下就能達到目的，那才是真本事。

最後提供給企業經營層或專業經理人的你，當你起心動念希望購買新設備前，能夠重新檢核的三個步驟：

「物」

原料、半成品到完成品的生產是否順暢？沒有過多停滯與搬運嗎？

「人」

現場作業人員是否能夠依照需求量彈性配置？每項作業是否已經最佳化而沒有浪費動作呢？人員的多能工訓練是否完備？

「設備」

現有設備稼動率已經最高？換模換線速度已經不能再快？設備加工能力已經最快？　因異常或故障造成的停機時間最少？

想依靠設備作為改善的方法，就如同武俠小說中如果你內功不夠深厚、招式不夠熟練，那麼即便擁有神兵利器也會在比武過招中敗下陣來。不是兵器的問題，而是你沒有配得上它的能力。

換言之，改善活動就是一個「反求諸己」的內省行為，買設備之前永遠先問自己一句：「現在的做法難道不能再更好了嗎？」與大家共勉之。

3-8
假效率公式 = 人數 × 作業時間 × 單位產量

「老師，我們這條產線自己也有想辦法找到動作上的浪費，並且重新配置人力，本來 5 個人一整天可以做 800 件，現在預計 4.5 個人能做 1000 件喔！」台中某手工具大廠的王經理這麼對我說道。簡單一句話，你有看出其中什麼端倪嗎？

扭力扳手、鉗子、剪刀、鋸子，是每個人工作或生活中需要但卻沒有太多存在感的工具。就如同大家的第一印象，台灣的手工具業也是一個在媒體前相對低調，但卻蘊含極大爆發力的產業，每年能夠為台灣創造超過 1000 億新台幣的出口產值，可以說是台灣眾多「隱形冠軍」之一。

不過相較於其他製造產業，手工具業的平均員工人數少、所需設備投資低，也因此對於製造現場衡量生產效率，多會以「人力」、「時間」及「產量」為評價基礎。剛好在這間手工具大廠的輔導過程中，發現主管正好掉入效率的陷阱，因此想特別跟大家分享究竟何謂真正的效率？

人員投入數的陷阱

你有看過產線的作業員刻意放單手作業嗎？

　　有時參加許多由政府單位所舉辦的年度成果發表會，看到企業發表的主題會宣稱有 1.5 人或 3.5 人的改善效果。如果是兩條生產線原本兩個人的工作改為一個人作業，那麼換算到單一條生產線確實有 0.5 人的效益。

　　但說實話，更多時候這是個迷糊仗。因為讓我們用成果來說話，現場哪來 0.5 個人的計算方式？請問是請作業員讓一隻手做事嗎？

> **所以人員投入數部分我們要看的是完整人員差異，避免端數（零頭）人員差異。**

　　另外在改善活動中，許多企業的幕僚單位在改善效益評估時，會出現計算值與實際值不同步的情況。例如想利用「平準化」進行工程平衡，讓原本 8 個人的生產線調整成 6 人作業。但幕僚單位可能僅依照各工序時間觀測資料進行計算，卻忽略各工序間可能有螺絲鎖附、組裝完整性、品質考量等因素存在，並不見得能夠輕易劃分，這點也要請各位多所留意小心。

✂ 作業時間的陷阱

　　許多時候我們總會直觀地認為製造或服務產出的過程，如果能夠像是電腦一樣執行「多工模式」就是種高效率的展現。但請各位不要輕忽各種作業間的切換損失。

　　某家汽車零件製造廠，改善示範線原本 5 個人一整天產出 480 件，經過三個月的努力後，5 個人只需花費 6 小時就產出 480 件。換算下來每人每小時產出從 12 件提高至 16 件，效率提升 33%。

乍看之下效果十分可觀，經理點點頭、老闆笑呵呵，但作為顧問的我卻在產線旁邊面對殷殷期盼的大家潑了一盤冷水。

因為我知道考量製造現場實際狀況，這種改善方式反而容易衍伸出其他浪費，尤其是產線切換的損失。

所謂「切換損失」在實質上包含你做完的東西需要入庫、舊的模具要拆卸、新的模具要裝上、零件物料要準備、機器設備因品項不同需要重新設定條件等。

另外也包含作業人員從前一品項切換至新品項的學習曲線，與心理放鬆再繃緊而影響生理的可能。所以原本以為有 2 小時的完整時間可供下個品項生產，但往往最終僅剩約 1 小時的時間，更甚者改善數月後，作業者會「設法」放慢速度以避免產品切換的情形發生。

> **像這種因為生產效率提升所得到的「零碎工時」，看似為公司爭取更多效率，但其實對於生管單位進行排程來說也是項挑戰。**

因為要如何在所剩不多的工時內排入適當產品的適當產量目標，有其困難度在。

回到一開始的企業實例，我在生產線邊拿起白板筆向大家解釋我的建議，該產線原本 5 人作業模式不追求 8 小時降至 6 小時，反而是從 5 人挑戰變成 4 人作業，維持 8 小時工時及 480 件的產出。這樣每人每小時產出從 12 件提高至 15 件，效率提升 25％。

✕ 避免多做的浪費

「顧問，我們調整人數你也有意見，縮短作業時間也有問題，那這次我們用更少人力在相同時間下產出更多的量總沒話說吧？」不好意思，其實我還是有話要提醒，而且這才是精實管理或豐田生產方式的重點，也是許多兩岸製造業會有的「量大便是美」的錯誤概念。

利用相同或更少人數、相同工時卻能創造更多成品，看似完美卻忽略背後一個最基本的條件設定：「客戶訂單是否增加？」

倘若客戶的需求未增加的情況下，我們追求產量的上升，反而帶來庫存堆積、場地需求、包裝容器需求 ... 等一連串隨之而來的浪費。

本書前面章節曾提到精實管理的精髓就是「需要的東西在需要的時候只生產提供需要的量」。真效率絕對是在產量符合客戶需求的前提下，透過時間及人數的調節所追求的平衡。

以上從人員投入數、作業時間與單位產量三大構面來談企業面對生產效率議題時容易出現的迷思誤區。

如果閱讀這篇文章的你並非生產製造領域，不論你在業務單位、財務單位，抑或者你是醫療服務或餐飲服務的經理人，面對團隊效益的追求，這三大構面相信也能夠帶給你收穫及啟發。

如果效率是社會進步過程中所追求的一大目標，那麼對於效率的正確定義，就應該是我們不得不正視的議題。而過去我們總以為投入越多資源就應該獲得更大產出，希望從今天之後，大家都能夠對於「真」效率有清楚且正確的認知。

3-9

附帶作業集中：火力集中創造最大效益

初春午後，我與台灣某上市科技公司的團隊討論過去半年來的改善效益。坦白說一開始我並不看好這家公司，因為寡占企業在市場上競爭者少往往改善意願低，但他們在短短半年內卻讓我刮目相看。

「老師，之前你請我們把高附加價值作業及附帶作業拆分，並且把人員配置重新調整後，我們預計多招聘一位工程師進來，可讓現在九位工程師每天提升 0.5 小時的高附加價值作業時間。」課長 Kelly 語帶興奮地說著。「你們下個月要跟老董報告，拿一個人 8 小時換 4.5 小時好像說不太過去喔！」我提醒他們。

「嘿嘿，老師我們高附加價值作業的時間效益很高，所以非常划算啦！你之前有教我們備料員的方式，我一聽完就想到可以應用在這裏。」課長果然是備受公司器重的明日之星，現學現買的知識產出能力很強。

一個月過後，經過他們實際在現場驗證並且收集相關數據後，所計算出來的年效益高達新台幣千萬以上。在公司全體的精實改善會議上，我特別點名讚賞並感謝整個專案團隊，因為顧問只是一個站在外部給予建議、指摘的角色，真正把它具體實現的是眾人的努力。

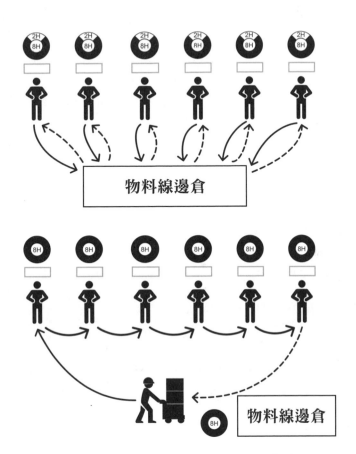

人數	總工時	附帶作業時間	實際生產時間
6人	48H（6X7）	12H（6X2H）	36H（6X6H）
6人	56H（7X8）	8H（專人負責，優化）	48H（6X8H）

8H
多 1 名作業員
（集中附帶作業），
額外創造 **12H** 生產
48H-36H

✂ 備料員制度

那就剛才在上文中所提到的「備料員制度」是什麼神奇的改善方法呢？

我就拿我自己常去的牙醫診所為例好了，裡面有兩個診間，當康醫師在 A 診間對病患進行治療時，戴著口罩只露出眼睛看起來很正的牙助（註：這離題了吧？）這時會帶下一位病患到隔壁的 B 診間，準備好漱口水、X 光片、圍上圍兜並且準備好各式刑具 ...... 說錯，是器械。

因此康醫師在 A 診間治療完畢後，只需走到隔壁就可以無縫接軌馬上為 B 診間的病患治療。對只有一名醫師的診所來說，這樣能夠在最大限度內讓主要創造價值的牙醫師發揮最大作用。

白話文舉例完，讓我們換回管理詞彙來說。

> **針對能創造高附加價值的設備或人員，如何對其所有工作進行分類，將次要價值的作業抽離出來由他人負責，讓設備或人員聚焦在高附加價值的服務上。**

這就是在豐田集團製造現場所使用的「備料員」制度背後所隱含的管理概念。

至於要怎麼樣運用呢？可依照下列四個步驟進行：

✂ 工作進行拆分

對於高附加價值的生產設備或作業人力，我們可以先將其所有工作進行拆分，你會發現其實有許多時間該設備或人力是無法發揮100% 功效的。

設備可能需要閒置等待備料、上模、拆模、清洗等作業，而能夠用來生產的時間就被吃掉。

人除了生產或服務時間外，也會因為準備零件物料、完成品入庫、換箱、抽檢等動作消耗掉真正有價值的工作。

因此第一步就是讓我們把所有工作細分，並且判斷各工作的價值。目的就是為了讓設備或人員只聚焦從事高附加價值的工作。

✂ 專人負責，涵蓋範圍廣

如果設備或人員聚焦在高附加價值的工作上，那麼剩下來的附帶作業我們就交給專人負責。

值得注意的是許多公司都會誤會，附帶作業給專人負責，他就只專心負責單一產線或對應單一人員設備而已嗎？不！這不是羅賓與蝙蝠俠的關係，不單純只是某個人的助手而已。

一般來說像是生產線這樣的模式，附帶作業約佔整體工時的20%，所以我們以專人只負責單一產線，他就會有非常多的等待時間。因此合理的配置是：專人負責四到五條產線的所有附帶作業。

❀ 附帶作業持續優化

由於附帶作業與高附加價值工作一樣都是透過專業化後，追求其熟練、快速及品質穩定。

如果我同時負責多條產線的樣品製備工作，量變產生質變，就更有目的透過改善來讓工作變得更簡單、好做。

例如前面所提到的「備料員」制度，備料員就能夠開始改善運輸工具、物流動線、搬運方式、儲位標示等，這些都是透過作業聚焦集中後所帶來的後續效果。

❀ 人員訓練與輪調

如果以製造業來說，擔任「備料員」是種儲備幹部的概念，因為他必須要熟知各產線生產品項、所需物料、每日排程、換模換線等，也就是說從線擴展成面的管理職能。

所以就人員對於工作的理解來說，把這事做好是晉升的必備條件之一。

然而對於其他型態的公司，例如服務業、科技業等，我的建議是附帶作業的集中、優化只是短期作法，如果只留在這個階段很容易讓人產生疲憊感、優劣比較：為什麼他負責高附加價值作業或操作機台，我只能做附加作業而已？

所以接下來需要做好的配套就是計畫性的人員訓練搭配輪調，不讓大家產生工作乏味感，同時也厚植公司人才的深度，也是一種「多能工制度」的方式。

回到一開始企業個案，他們公司工程師一天 8 小時的上機時間約 6.5 小時，然而具附加價值作業為上機時間的 75%，也就是說一天 8 小時中真正有附加價值的作業不到 5 小時。各位也能夠依此為比較基準，回過頭來分析目前個人或負責單位的作業型態，究竟真正有附加價值的作業佔多少的比例呢？

「附帶作業集中」說穿了就是一種時間運用的方式，聚焦是種選擇，為了有效利用時間所做出的取捨。因為高附加價值作業及附帶作業的拆分，將其專業化的目的就是希望時間應用的品質要比原有來得更好，也讓人員的注意力及執行力更加精確有效。

還在疑惑是否有效嗎？我已經帶領汽車零組件、醫療、科技等產業獲得超過新台幣八位數以上的效益，對手已經搶先一步，還不試著跟上嗎？

3-10

大部屋化：打破現有組織的有效改善術

━━━━━

2013 年在中華精實管理協會（CLMA）的年度成果發表會的場合上，全台最大的車鏡製造廠：健生實業發表的改善案，吸引當時現場超過 200 位來賓的目光。因為在完全沒有調整作業人員生產方式的情況下，竟然創造出組裝線面積低減 150 平方公尺、單趟搬運距離縮短 480 公尺，然後每年電費節省 21 萬元的效益。究竟是怎麼辦到的？

> 他們所使用的是種叫做「大部屋化」的改善手法，其實就是打破現有組織或分工的框架，找尋新的改善機會。

在企業發展的過程中，隨著營業額的增長、工作量的擴增，大家很容易利用「複製貼上」的方式把現有的作法等比例放大而已。這樣做的好處是能夠迅速看到成果，但壞處就是久而久之每個人就會被慣性所綁架，甚至看不到等比例放大的問題點。

「大部屋化」字面上的意思就是「大房間化」，想像原本疊床架屋的小套房，一聲令下拆除所有的阻隔，就會發現豁然開朗的感覺。

這樣的作法可以帶來幾種好處。

✂ 節省端數人工

例如切削作業配置一名作業者，研磨作業配置一名作業者，組裝作業配置一名作業者。可能三位分別所需的實際生產時數是 0.6 人工（4.8 小時，0.6*8 小時）、0.6 人工（4.8 小時，0.6*8 小時）及 0.7 人工（5.6 小時，0.7*8 小時）。三位猶如在三間套房裡單獨作業的方式，透過「大部屋化」打破框架把所有工作合併，就有機會以 2 名作業者完整工時完成，節省一名作業者的需求。

當然你可能會好奇為什麼原本每位作業者的實際生產時數不滿 1 人工（8 小時）呢？有時現場看起來大家都很兢兢業業地工作，但真的就只是「看起來」而已。你可能會說「顧問你這麼說會不會太苛刻？」其實所謂的端數人工指的就是實際生產時數並不滿 8 小時，然而公司要以 8 小時薪資提供的人力，就好比是指除法中的「餘數」：無法整除，但又實際存在。

因此在實際經營中是無法拋棄的硬傷，因為工作需要人來做，但花了錢又無法提供 100% 效率。最簡單的解法就是多加一位以滿足工作需求。上面的例子如果產能要擴升 4 倍，就會有三種主管的作法：

50 分的主管：拿計算機做管理，算人頭增比例。原本每站各需 1 個人共 3 人，現在產能擴升四倍，所以就 4 倍 *3 人變成 12 人。

80 分的主管：注意到各工作站的實際人力需求。切削站 0.6 人工 *4 倍為 2.4 人工，但因為沒有 0.4 人這回事，所以實際配置 3 人；研磨站 0.6 人工 *4 倍為 2.4 人工，實際配置 3 人；組裝作業 0.7 人工 *4 倍為 2.8 人工，實際配置 3 人。三站總共 9 人。

100 分的主管：從整條產線的角度出發，在需求量變化之際重新改善。（0.6 人工 +0.6 人工 +0.7 人工）*4 倍為 7.6 人工，所以實際配置 8 人，甚至透過動作、搬運作業等改進挑戰 7 人作業。

改善前

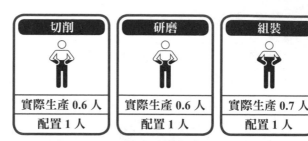

切削	研磨	組裝
實際生產 0.6 人	實際生產 0.6 人	實際生產 0.7 人
配置 1 人	配置 1 人	配置 1 人

訂單增加 4 倍！！該如何因應？

50 分的主管
用 12 人
按計算機做管理
算人頭增比例

切削	研磨	組裝
實際生產 2.4 人	實際生產 2.4 人	實際生產 2.8 人
配置 4 人	配置 4 人	配置 4 人

80 分的主管
用 9 人
注意各工作站的
實際人力需求

切削	研磨	組裝
實際生產 2.4 人	實際生產 2.4 人	實際生產 2.8 人
配置 3 人	配置 3 人	配置 3 人

100 分的主管
用 8 人
整條產線角度出發
需求量變化時
化零為整

切削、研磨、組裝大部屋化
實際生產 7.6 人（2.4+2.4+2.8）
配置 8 人（可挑戰 7 人）

✄ 縮減搬運時間

有別於一般製造相關產業，科技業及食品業對於產品品質的要求極為嚴格，所以在作業區域上往往會透過空氣浴塵室（Air Shower）隔絕外部污染源進入作業空間的危險。或是像食品業更需要把區域劃分為「一般區」、「準清潔區」及「清潔區」。

這些對於產品的流向、人員的進出、搬運的距離都形成阻礙。這些作法是為了品質的考量，但如果沒有這麼嚴格的要求，純粹是因為我們各自部門別所形成的搬運工時，那就值得重新調整了。

例如宏亞食品在調整內部生產動線時，就曾經把巧克力的前段製造與後段包裝重新合併，一口氣就縮減了 200 公尺以上的搬運距離。甚至這麼做還能夠減少一些非必要工時，例如搬運前將半成品收到台車或空箱內的時間，或是搬運後把半成品從箱內或台車內取出的作業。

✄ 降低在製庫存

跟上述搬運時間如影隨行的就是庫存這件事，如果各工站小房間的存在會讓搬運作業增加，那麼原因就是來自於各工站所產生的在製品庫存。如果我們能夠把小房間打通，就能夠減少庫存發生與堆積，進而讓整體生產速度加快。

例如信昌機械的車用天窗組裝線，過往所需的零組件會散落在各個區域各自生產，可能一條主線會擁有三、四條副線，而且每條副線做出一台又一台的在製庫存供應給主線使用。後來透過精實管理的輔導改善下，把副線併在主線旁邊。

按照「需要的東西在需要的時候只提供需要的量」的原則，在主

線完成一台份的工作時間內，所有副線零件只需要也同時完成一台份的量即可。這樣的改善讓半成品庫存降低 60% 以上，人員也節省 30% 的效益出現。

✂ 大部屋化的目的

那麼「大部屋化」的目的是什麼呢？

1. 打破部門牆壁，換位思考彼此需求

從上個世紀 90 年代開始，全球企業大談扁平化或矩陣式組織，就是為了擺脫過往企業組織專業分工造成的「自掃門前雪」效應。

但過了 20 年我在不同產業界工作時，還是目睹各家公司嘴巴說不要身體倒是挺誠實的，製造的怪生管排程不準、生管怪採購沒法壓廠商、採購怪業務亂接單、業務怪開發時程過慢、開發怪製造無法做出設計的惡性循環屢見不鮮。

我們在這就舉豐田汽車進行新車款開發為例，過往開發件需要等到試作階段才能夠驗證產線配置、設備、模治具、人員技術的方便性、合理性與速度。

但現在則是在產品設計階段就進行「同步工程」作業，也就是把之前現場所遭遇的品質問題、技術障礙、產線設備的困難都反映到前端，共同設計開發縮減流程時間。

隔閡就是「我以為你可以，哪知道有問題」、「明明就很難，誰說很簡單」的誤會造成。

曾聽日本顧問說到過往在豐田集團內新產品在試作或初期量產階段，製造單位甚至會要求設計開發與生產技術單位的人到產線從事

生產，換個位置就要換個腦袋才能設身處地為彼此著想。

2. 刻意營造問題，刺激改善想法

讓我以最近一個企業輔導的實際案例來說，如果公司倉儲課（隸屬生管部）及製造部分屬兩個單位時，倉儲課的作法就是把每日所需的物料直接發送到製造現場的線邊倉，讓生產人員自行取拿。

然而在接受精實管理的思維洗禮後，公司做了一個大膽的組織調動，把倉儲課併到製造部底下，短短一個半月的時間內，有趣的化學變化發生了。

過往製造單位嫌倉儲發料的量過大，讓原本已經狹窄的空間更加頭痛。倉儲單位則抱怨現場變化過大甚至連排程順序都沒有的情況下，這已經是最佳解了。

但現在倉儲併在製造底下後，就必須要面對「空間不足」、「生產順序」、「供料量」、「供料時間點」等問題，最後他們內部提出一個非常棒的改善案：從一天供料一回改為每兩個小時供料一回，因此空間節省 6 坪，現場出現目視化看板清楚標示每日生產品項、所需時間、每小時目標量及實際值。

而倉儲為了做好即時供料也重新規劃儲位、物流動線的優化及搬運工具的改良。這些就是「大部屋化」希望做到的刻意營造問題，來刺激改善想法的好處。

> **在生產或服務流程中，天馬行空式的創意**
> **可能百年一遇，但如果我們能夠透過**
> **「大部屋化」做到換位思考、刺激改善，**
> **就有機會可以低減人力需求、**
> **降低在製庫存與減少搬運時間。**

　　這些都是每日工作裡都可以思索的引信，點燃後就能創造更大的改善火花。打破套房的阻隔，尋求「大部屋」吧！加油。

第・四・章
長期穩定

4-1
需求不會突然消失，
只是你視而不見

————

「我們過去這樣生產就沒有問題，為什麼你就覺得這樣不行呢？」楊課長在輔導會議上面露不滿地發言。究竟是發生了什麼事呢？

兩個小時前，我與他們一同在生產現場巡視。楊課長興緻勃勃說著數年前公司的明星商品在中國大陸熱銷，生產線每天應接不暇，人員是一班一班的加班，棧板一板一板的出貨，貨櫃是一櫃一櫃的離開碼頭。

「那時候的生產很順啊！就一種口味不停的做，在不需要換線的情況下，效率非常的高。」楊課長越講越興奮，紅潤的臉色映照出當年的榮景。對於台灣食品業近年的熟悉程度，讓我在心裡已經有了想法，不過看著楊課長興奮的樣子，只好先按兵不動，留待會議時再進行討論。

回到會議室，公司製造副總、總經理特助及所有製造經理、課長等待著顧問的發言。我起身站到台前，清了清喉嚨後開口就是一記直球對決：

「請改掉大批量生產的做法！抱歉我講很真實的話，市場就是很現實殘酷，你沒有議價能力時，那就請按照客戶的遊戲規則走。我

當然知道如果就設備產能、單位成本來看，這不是有效的做法。你抱怨生管，生管推給業務，業務講客戶就這樣，客戶告訴你市場就是多變。但如果有同業三五年前就認清這件事而開始改變調整，那我們還在談要不要適應市場？除非我們家獨賣，7-11、全家、全聯搶著拜託你賣他，但很可惜現在不是這樣。」

✕ 看見灰犀牛

以上就是身為管理顧問美好的一天，站在既對立又相伴的位置，說著不中聽的話語。宏亞食品（1236）是台灣知名的上市食品大廠，旗下多項產品都是台灣消費者耳熟能詳的零食品牌，例如77乳加、新貴派、蜜蘭諾、大波露、歐維氏等，相信你就算沒吃過也一定聽過。宏亞除了是全台灣最大的巧克力相關食品製造商外，同時也是知名喜餅品牌「禮坊」的製造商。

然而從 2013 年底的股價高峰開始，宏亞食品受到台灣人口結構改變（少子化、結婚人口等）及外銷中國的價格競爭影響，不論是營業額或股價上都呈現衰退跡象。在現任總經理接任後，積極從市場行銷端著手進行調整，在 2018 年時找上我進行長期顧問案合作，藉由精實管理來改善生產製造端的各種浪費。

各種實際改善案及作法留待後續介紹，但我更希望帶給公司同仁的是：「對於變化的敏銳度。」

人類是很容易習慣的動物，「當局者迷」四個字往往只有你沒深陷其中時，才有辦法理智看待，不論創業、合夥、工作、結婚等都同理可證。

> **"**
> *我們對於黑天鵝（指超乎我們預期與經驗的*
> *意外事故）感到震驚，卻對於灰犀牛（意指*
> *顯而易見的威脅）視而不見。*
> **"**

　　大多數的灰犀牛可能早在三個月前、兩年前就已經存在且默默進逼，是我們故意疏忽、固執己見、視若無睹。對食品業來說消費市場走向「少量多樣」就是一頭兩噸重的灰犀牛，因為過去汽車業走過、科技電子業走過，食品業又怎能避免？

　　但站在製造端的角度來看，我當然會希望如果可以一整天不切換品項，大量生產會最有效益。

　　可是以台灣食品相關市場為例，「通路為王」的態勢短期內不會改變，以 2018 年來說最明顯的現象就是各大通路（7-11、全家、全聯、好市多等）推出「期間限定商品」，所以我們會看到摩卡咖啡的 77 乳加、香蕉口味的 77 乳加、熱帶水果茶的 77 乳加 ... 等。

　　原因無它，通路端希望透過口味的推陳出新，刺激消費者收集、選購的欲望，衝刺短期營收業績。

✂ 需求改變、市場改變，我們也要改變

　　因此對於製造端來說，就出現幾項重點要克服：

> ⇨ 產線小批量生產的效率
> ⇨ 換線速度、清機速度
> ⇨ 新產品的品質良品條件
> ⇨ 生管對庫存的掌握度

　　過往食品業「大艦巨砲」主義講求規模經濟的作法，無法駛入現代蜿蜒曲折、詭譎多變的河道（通路市場需求）。

> **如果無法透過小批量、降速、少人化生產，首當其衝的就是庫存帶來的壓力測試，不論倉庫空間、期限損耗甚至人員資金都會落後競爭對手。**

　　當你突然意識到存貨週轉率的降低、現金水位的減少，納悶著消費者為什麼突然不喜歡我們家產品了？其實，需求不會突然消失，只是你視而不見、選擇忽略而已。

　　而原因來自於組織內部往往會「習慣」於現有作法，畏懼甚至是抗拒改變的「怕麻煩」心態，讓日復一日的慣性控制了。

習慣，有時候是效率降低的元兇

　　即便是傳統製造領域走在最前端的汽車產業，雖然在生產管理、品質控管技術上有著其他行業都爭相學習的水準，但其實在台灣近年來也面臨「灰犀牛」的衝撞，那頭灰犀牛就是進口車的逆襲。

　　從 2009 年進口車市佔率 19.5％，到 2018 年躍升至近 45％ 的水準，首當其衝就是汽車製造大廠及相關衛星零組件廠的稼動率，甚至在 2018 年第四季時放起無薪假對應。十年，都足以讓一位小學六年級的小朋友成長到大學畢業，可是卻看不到台灣幾大車廠做了什麼改革或因應方案，「當局者迷」又再次得到殘酷的印證。

那我們在職場每天的工作中究竟能夠怎麼避免「當局者迷」呢？

> 有本暢銷的心靈雞湯類書籍，它的書名是《不要在該奮鬥時選擇安逸》，我稍微改寫就成了答案：「在安逸時選擇讓自己活得不舒適」。

舉例來說，當公司產品的品質標準有外銷歐美日本的高標準，及銷往中國、東南亞的標準時，那麼就應該在內部一視同仁用高標準進行生產。因為若等待中國、東協市場消費者意識抬頭時才試圖調整，那麼步調往往過慢。寧願一開始讓自己過得不舒適，也好過將來重新適應的痛苦。

如今的宏亞食品（1236）在經營層鼎力支持下，積極推動精實管理。曾經楊課長的不悅質疑，現在已經成為改善的急先鋒，因為大家都已經真正看到了市場環境的變化，如果選擇不改變，那麼就會是被淘汰的一群。

需求始終都在，視而不見，終究會送上門相見。

4-2

豐田的減法原則：要五毛給一塊？給三毛看看

我至今還印象深刻，多年前在一間全台前五大汽車零組件廠的輔導案，那時候我剛開始陪同日本顧問進行企業輔導案。在生產線旁，負責的梁課長向我們解釋由於客戶訂單從每月 5000 台翻倍，提升到每月 10000 台的關係，所以組裝線原本 4 人的配置要提高到 8 人以應付需求。

然而日本顧問卻不滿意的搖搖頭說道：「想辦法用 6 個人就好。」梁課長一聽差點沒暈倒，事後聊起時還跟我說：「當初差點叫他自己做給我看。」

不過一個月後，奇蹟出現了！梁課長面帶驕傲的笑容告訴我們，他重新調整設備 Layout、物料擺放位置、人員作業配置及鑽孔機的行程縮短後，6 個人真的可行。

✄ 直覺但可能不是最佳做法的加法原則

不論是在服務業、製造業或是辦公室事務上，我們常常在不自覺中使用了「加法原則」來面對工作量增加、作法改變、人員變化的情況。

像是今天產品進貨時要多了一個檢驗項目，因此就多設計了一張表單，於是檢驗人員多了一項作業，為此主管還要多進行一次簽核，如果每次遇到變化都是再加上一步驟，這麼做的話，冗長的流程、表單作業、人員時間損失等都隨之而來。

> **製造現場也是如此，多增加一道工序或產量些許提升，就多安排一位人員、多一張工作桌進行生產。**

也許你會認為說：「看吧！這又是資方打手，想要苛刻員工所想出來的無良管理方式。」

請先別急著貼標籤，請先試著思考一下，從過去到現代社會的演進過程中，哪一項技術的發明或演進不是來自於資源的匱乏，讓人類透過思考及創意想出新方法、工具、設備等突破難題呢？

看到雕版印刷的曠日廢時及缺乏循環利用性，所以中國宋代的畢昇，或 15 世紀歐洲的古騰堡，發明了活字印刷術。因為傳統作坊製造方式的高度技術性及耗時，所以 20 世紀亨利福特的流水線方式透過標準化、分工、設備工具的應用，讓人類在製造這件事上的能力大幅提高。

如果當初畢昇看到人們需求時只回應：「一個雕版不夠，不會刻兩個嗎？」或是亨利福特只會說：「10 個人一天只能打造一輛車，不會聘請一萬個工匠嗎？」那也許你我如今都還無法以可接受價格享受到高品質的產品。

✂ 減法原則的三個核心問題

日本豐田汽車之所以能夠在二戰後迅速站起來，並且在天然資源匱乏的環境中找到生路，甚至在 21 世紀初期就躍升為世界第一大車廠，依靠的不光只是生產技術、品牌形象、教育訓練或是成本管控，背後有著一套「減法原則」作為他們的精神指標。

也許我們可以問自己三件事：

⇨ 沒有了 oo 不行嗎？
⇨ 你知道 oo 的目的是什麼嗎？
⇨ oo 有沒有跟其他東西是重複的？

例如我們最常在製造業的裝配線詢問主管「少了這張作業桌不行嗎？」、「這個檢具的目的是什麼？」、「品質劃記工作有沒有跟其他設備檢查項目重複呢？」

然後很容易發現有些工站的存在可能是以前生產其他產品所遺留下來的。例如品質劃記，是生產初期不良率高的臨時對策，現在已由設備檢查而取代，諸如此類的浪費殘留在現場，每一天每一回的製造流程中都影響著效率、品質與成本。

服務流程或例如間接單位等事務性質的工作也是如此，特別是公司的報表、單據、簽呈上。還記得在 2015 年台北市市長柯文哲上任初期，就有指出行政部門的公文簽呈流程過於冗長，許多無效的蓋章嚴重影響事件交辦及執行效率。

大家說公務體系官僚沒效率，但其實許多私人企業亦是如此。採購單位、品管部門、製造現場、營業部、管理部等每天處理數以

百計的電子郵件或是書面表單，透過三大問題也許我們可以重新反省：「這個 mail 不 c.c. 給製造部不行嗎？」、「你知道這個公文呈給營業部的目的是什麼嗎？」、「這個公文上採購跟品管簽核用印的功能是不是重複了？」相信這麼做也能夠簡化許多流程及排除浪費。

✕ 在有限資源創造更大價值

但令人沮喪的是，在兩岸不同產業或公司都會看到相同的現象，公司歷史越悠久，這種加法思維所造成的浪費越來越多。然而新進人員雖然是個滿腔熱血的好奇寶寶，但老鳥們只需詳加管教個幾次，新人們也逐漸接受這所謂的「傳統」、「文化」或「經驗」。

也正因此，當我們在進行改善時，透過豐田生產方式中的「減法原則」往往在一開始就能夠獲得不錯的成效。

回到文章一開頭的故事，當天結束輔導後，我開車在高速公路南下的路上，與日本顧問針對整天的輔導狀況進行檢討。

我問道：「為什麼你知道 6 個人是可行的？」日本顧問笑著回答我：「江君，其實我只肯定 7 個人沒問題，說 6 個人是希望他們挑戰看看。」

他看我握著方向盤若有所思的樣子，只好再補充說：「如果產量翻倍，人數就跟著翻倍，那不管誰來做都會。」

> **「但之所以稱為管理者，就是要設法在有限的資源下創造更大的價值。」**

192

4-3

短跑選手不會報平均秒數，
只追求最佳成績

現在你是一位負責公司精實改善專案的主管，針對餐廳「收桌」作業（清理客人用餐後的桌面）進行改善。

首先你要底下三位同仁進行時間觀測，針對目前的收桌方式提出數據資料。結果兩天後大家繳交上來的報告差異頗高，請問你應該要以誰的作業方式為基準進行改善呢？先提供三位同仁的資料給大家參考：

> ⇨ 大仁：「經理您好，我這邊過去十次收桌作業平均耗時
> 　　90 秒的時間。」
> ⇨ 鵬哥：「我最快可以用 60 秒的時間完成收桌作業。」
> ⇨ Scott：「Well, 窩覺得窩要用 120 秒的時間才能做好收
> 　　桌作業 ,you know」

給大家三秒鐘的時間快速選擇一下，當然大家答案背後的思考邏輯肯定不同，今天我想要談談實際在企業內部常見的狀況，這也是提醒各位在推動改善時要注意的陷阱，不一定是個人問題，多半跟該組織的文化風氣相關。

✂ 危險的平均數：忽視背後的各種變化

首先我們來看看大仁的答案，這樣的資料收集方式是大多數的企業最常使用的作法，基本上背後邏輯跟：「你爸媽平均只有一顆睪丸。」的笑話一樣。這幾年隨著政府單位在經濟不景氣之時錯用平均數來報導平均薪資、年收入狀況，大家頓時「統計腦」大開，都知道這是種粉飾太平的話術。

「2018 第一季平均薪資近六萬新台幣，對不起是我拉低平均，但我是跟誰平均啊？」可是大家議論國政、社經景氣時總是腦袋清晰，怎麼回到公司內部對自己工作領域卻馬上打臉自己呢？

站在外部顧問的角度，公司如果給我平均數為基底的數據資料是最危險的信號，這時我總會推一推眼鏡，然後用右手食指朝向對方主管大聲說出：「真相只有一個」。

舉例來說，如果食品業告訴我平均完成品庫存 45 天，很有可能是淡季 70 天跟旺季 20 天加總而成的。（實際上以台灣食品業來說兩大旺季分別是中元節前夕及春節前夕。）更不用說倉庫裡面也會有好賣的、推不動的產品，所以才會有 ABC 庫存分類法的發明。

所以當大仁說出收桌作業平均 90 秒的答案時，實際內容可能在順手時可以僅花 50 秒就完成，但遭遇某些困難時會花到 100 秒以上的時間才能做完，或是他本身就是個「骰子型」工作者，今天的工作效率好壞可能會依昨晚是否睡好、今天天氣好壞、隔壁鄰居有沒有打招呼而決定今天骰到六還是一。

如果是作業的設備、工具、治具等，因為不能穩定使用造成作業時間的偏差，那麼我們就可以把改善重點放在硬體上。然而如果是因為作業的手法、技巧造成個體熟練度或領悟度的差異，改善重點

就應該是如何重新設定標準作業方式。

✂ 低報成績的小心機：安全心態

接下來先跳過鵬哥來看看 Scott 的答覆，相較於其他人的收桌作業成績，可以比較出他是呈報較慢的成績。

過去在企業輔導的過程中，這樣的回覆背後通常有兩種原因，一是希望設定安全的護城河，先用相對比較差的成績讓主管「不期不待沒有傷害」，保守的設定是因為害怕各種突發狀況的發生。

另外一種則是心機較重的角色設定，就像是你以前求學階段，班上一定會有那種「考前大喊我都沒唸書，考後第一個上台領獎」的同學，社會也是學校的延伸，所以企業推動改善時也會有人刻意提供相對較落後的成績，等到後續公司雷厲風行推動改善時，就會有種「哇～他很努力進步很多」的錯覺。

通常遇到這種狀況，其實是最容易被發現的，如果公司默許這種狀況多年，那麼管理階層都應該通通拖出來打屁股。

因為如果作為管理者常跑現場接地氣，那麼你就能透過「觀察」、「比較」、「訪談」等方法了解實際作業情況，破解低報成績的小心機。

但在此同時，作為管理者或外部顧問不應該以不留情面的方式對這樣的小心機開嘲諷，我們應該透過柔性態度一方面安撫對方，使其了解改善活動是為了讓整體效率變好，而不是單純評價個人的表現。另外也要檢討組織對於績效的考核評鑑方式，勢必是現有方式存在漏洞才會讓大家鑽營。

❀ 最佳成績：追求更進一步的積極

最後我們來看看鵬哥，鵬哥以個人最佳表現作為本次資料的呈報，坦白說這是故事設定才會出現的答案，不能說沒有，但通常在現實社會中是相對少見。

但這卻是我們在企業推動精實管理，如果公司將其深化在每個人工作思維時，會出現的積極現象。

> *所謂改善，就是希望每個人都能夠朝向「善」字前進，怎麼把工作做得更快、品質更好，就是每天的功課。*

最佳成績的出現，我們當然不希望只是「神之一手」或是福至心靈、萬事俱備下的產物，在後續改善過程中可以朝兩個方向追求。

❀ 精益求精，還是穩定輸出

一個是「持續改善精益求精」，怎麼再變得更快更好，但經濟學有說過邊際效益遞減，其實改善活動也是，從 60 分要考到 80 分可能比較容易，但 80 分要開始一分分進步則就要投入更多資源才有機會。

> *因此另外一個方向則是「再現性」，如何穩定地輸出成績是企業投入培訓希望工作者的表現。*

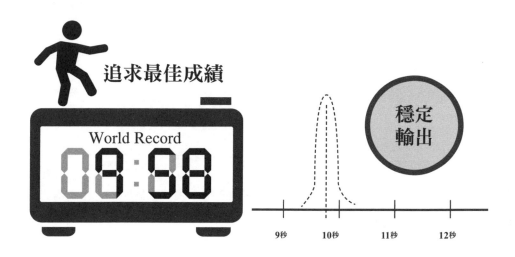

追求最佳成績

World Record

09**:**88

穩定
輸出

9秒　　10秒　　11秒　　12秒

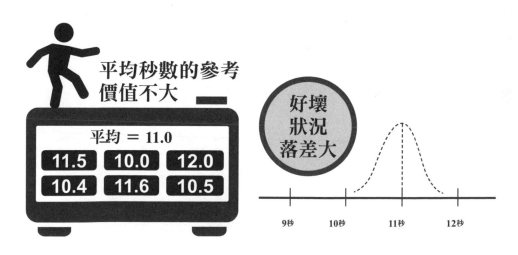

平均秒數的參考
價值不大

平均 ＝ 11.0

| 11.5 | 10.0 | 12.0 |
| 10.4 | 11.6 | 10.5 |

好壞
狀況
落差大

9秒　　10秒　　11秒　　12秒

4-4

改善從小規模試做，
再橫向展開

常有許多企業在第一次接觸時總是好奇，我們是如何在短短幾年內把精實管理推展到各大企業，讓企業獲得實質的改善效益，獲得許多老闆們的肯定與推薦？

因為公司老董總是抱怨：「現在年輕人越來越不受教」、接班二代會說：「公司老臣守舊勢力這麼多，力不從心無法著力」，然後主管們大家難免各據山頭先隔岸觀火再說。大家總是輕鬆地把責任推到「人」身上，這種獵巫式的檢討會老實說根本無助於進步。

所以看到我們的成果時，大家都更加想要知道究竟秘訣在哪？

✕ 絕對不要一開始就全面展開

中小企業很常遇到「戰將型」的老闆，如果拿《三國志》遊戲來比喻，大概就是張飛這一型的人物，武力 99、統御 80 而政治 60。簡單來說個人能力極強，所以一直以來都是以單兵帶領其他人突破。

放到現實生活的寫照就是老闆對外業務能力極強，堪比葉問一個打十個。對內推動各種技術、管理變革總是身先士卒以身作則，讓大家莫敢不從。

　　然而當公司規模還小時，這種做法非常有效，可是隨著組織規模越來越大，在科層組織內老闆發現「無敵原來也是種寂寞」，老班底以外的新人們跟自己越來越不熟，整個公司開始出現各種官僚作為或陽奉陰違的狀況，但自己卻似乎有點力有未逮。

　　明明自己有任何想法都講求速度與激情（執行），對各單位總是一視同仁、同進同出，但怎麼左邊剛點起的火種卻馬上被右邊的大雨淋濕，營業單位的努力卻被製造單位的問題給掩蓋？慢慢地大家越來越不想提建議、配合行動，因為最終都是草草結束。為什麼會這樣呢？

⊗　全面展開等於全面抵抗

改變是痛苦的，習慣是幸福的。

　　人們在組織內對於習以為常的作業、環境就跟野生動物一樣有「領域行為」，透過佔有一片領域，杜絕同物種或不同物種的侵入。

　　聽到公司最近要推行第五項修煉？「那不就玩個啤酒遊戲，然後叫老師來教我們畫圈圈而已，還不是沒辦法解決我們的問題。」我們製造單位要推 QCC 品管圈活動？「協理是嫌我們還不夠忙嗎？最近都已經在趕訂單了，反正幾年前寫過的舊資料先拿出來頂一下。」

　　在組織內如果有人先說出口，那麼就跟網路上的網軍一樣帶風向，其他人很容易受到影響。畢竟要改變是困難、費力的，既然已經有人先舉手放棄，那大夥樂得輕鬆，大家一起擺爛就好。老闆這時就納悶了，我掏心掏肺，你們卻狼心狗肺？卻沒想過你未經大腦深思熟慮的一個宣示，其實是在跟整個組織宣戰啊！而且快速的幫

大家塑造一個共同的假想敵，茶水間不愁沒有話題了。

⚯ 小規模試作尋找突破點

2013 年阿宅們口中的經典電影《環太平洋》，描述太平洋底下出現一個突破點，突破點是通往次元宇宙與地球的出入口，外星怪獸藉由突破點入侵地球準備殖民，人類為了解決這些不速之客，各國聯合起來製造機甲獵人這個新型兵器，它們的任務就是保護人民以及消滅怪獸。

其實企業在推動任何改變時很適用這種概念，對不起請別誤會，我說的不是叫大家去建造機甲獵人或是推動機器人計畫，而是學習怪獸的作戰原則「尋求突破點」。

> **這幾乎可以說是這幾年我們在推動精實管理的不傳之祕，就是讓公司經營團隊了解大規模風風火火的推動變革是死路一條，相對來說「小規模試做」才是活路。**

小規模試做在公司內推展時，我個人有三大心法提供給各位參考：

1. 挑選改善意願高的團隊（產線、課別）
2. 給予明確的改善課題、目標及截止期限
3. 過程中持續給予協助並公開進度

在推動改善活動初期「有意願」比「有能力」來得重要，因為能力擺在眼前卻不一定能夠為其所用，相對地意願高就算能力不足，我們能夠給予指導、觀摩等方式使其成長，並且透過實戰經驗越挫越勇。

而且小規模試做在組織行為中還有幾個可運用之處，在這邊也一併向各位分享。

減少抵抗力道

就像是前面所提到的，如果說全面展開等於全面抵抗的話，那麼小規模試作就像是尋找突破點，將經營層對於改善所賦予的期望朝抵抗最小的地方前進。

這個時候務必要請主導者放下「一蹴可幾」的美好幻想，你自己減肥都不可能短時間就直接執行嚴格飲食熱量控制、高強度間歇運動，然後過著如同苦行僧般的修行生活。

你的意志終將反撲，造成下一波的暴飲暴食（對，沒錯我就是在說我自己）。

因此透過示範點、示範區域等設定，讓抵抗力道在可控制範圍內能夠在初期達到最好效果。

形成同儕壓力

示範線的小規模試做，在經營團隊投注資源、關注下，較容易獲得初步進展。

這個時候一開始在旁邊雙手叉腰說風涼話的其他部門或團隊，反而就會感受到壓力，因為你以為的不可能卻化成實際效益。

「可惡！他們怎麼這麼紅？我們怎麼辦？」通常這種時候經營團隊只需要稍加指引開導就能夠讓過去擔任旁觀者們，表現的比《哈利波特》電影中上課瘋狂舉手回答的妙麗還要積極。

因為有「公司重視」、「已經有人成功」的雙重壓力下，大家就會風行草偃。

✂ 降低犯錯成本

透過示範線的「小步快跑，快速試錯」，避免公司投入大規模的正規戰消耗，小規模試做的戰法就像是特種部隊一樣，透過短小精悍的戰力繳出迅速明確的戰果。

在改善初期時，所有人都還在嘗試階段，因此小錯不斷是正常的，然而由於一開始就把範圍限縮在示範線或示範區，失敗成本是不高的。

隨著經驗與熟練度的累積，漸漸地繳出改善的績效，因為從零到一是困難的，但是要從一到一百則相對簡單。

全廠 LAYOUT 圖

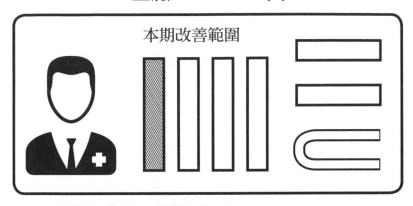

本期改善範圍

小規模先試做，有成效橫展開

小規模試做 3 大優點

減少全面抵抗　　　形成同儕壓力　　　降低失敗成本

「江湖一點訣，說破不值錢。」今天就跟大家分享在企業組織內部推動改變時的具體作法：「小規模試做」及「橫向展開」。

這並非只是紙上談兵的理論而已，而是過去在企業界有著卓越實績的推動方式，還請大家好好帶回自己團隊或公司應用。

4-5

覺得部屬當伸手牌？
是你不懂問問題，只會給答案

　　某日在輔導過程中與台灣汽車零組件廠的高層午間餐敘，席間我隨口一問：「最近公司有沒有遇到什麼難題？生產或管理上？」。這位五十多歲的高階經理人眉頭深鎖嘆了口氣說道：「最近啊，我們這幾個協理一天到晚被副總找去開會，哎～其實公司最近面臨到傳承的問題 ...」

　　這下子我就好奇了，就接觸過接近上百家的台灣傳統製造業來看，這家公司為因應兩岸汽車供應鏈佈局，這些年來在中階主管的質與量，相較於其他業者已經非常有競爭力，但為何公司還有這疑慮呢？

　　原來公司高層認為現階段經理級以上均面臨五年內的退休潮，而各部門間的課長要嘛沒有意願繼續待在公司，抑或是現階段能力尚未受到肯定，以致於公司不得不正視人才斷層的問題。

　　我常在許多公司看到這種狀況，總經理今天要求製造現場要杜絕浪費，然後現場主管說自己有學過一點精實管理，知道什麼叫：「七大浪費」。於是主管認真發現原來自己所負責的產線都存在有「動作的浪費」，於是就立刻教導員工如何把多餘的動作取消，生產線效率加快，結果反而出現「多做的浪費」。

　　總經理看到馬上叫現場主管過來罵：「怎麼這麼多庫存？不是說庫存太多不好嗎？這叫什麼改善？」接著現場主管就馬上要求生產線的作業員：「不要做這麼快！」

　　但由於生產線的物料擺法、Layout 位置已經改變，員工為了不要做這麼快反而變成「等待的浪費」。現場主管再挨了總經理一頓罵，於是最後乾脆要求現場作業員慢慢做。繞了一大圈之後，所有情況依舊回到原點。

✖ 改善，應該是部屬的任務

　　然而相同的案例如果放在推動精實管理的企業會呈現什麼樣的狀況呢？

> **當現場主管發現製造現場有動作浪費存在，**
> **不要直接給答案！**

　　因為你的答案扼殺了部屬自主思考的能力，你需要的是透過任務的增加（因為已經知道現場效率能夠提升）及多一點耐心，透過工作量的增加給予現場員工產生改善需求。

　　一邊等待現場員工自行解決課題的同時，也試著將改善目標目視化，並且給予明確且適當的時間期限進行改善。

　　主管一方面掌握現場的進度，同時每當有進度突破或是新方法產生時也不吝給予現場員工鼓舞獎勵。當改善目標達成時，原本所發現的動作浪費不僅轉變成有附加價值的動作，同時也藉機培養了一群能夠自行發現問題並且解決問題的改善人才。

《韓非子・八經》中的一句話很適合作為台灣許多企業面臨人才斷層時的參考座標：「下君盡己之能，中君盡人之力，上君盡人之智」。

這幾年不管是在台灣或是中國大陸，總是聽到許多企業老闆在喊：「沒有人才、接班人在哪、管理層有斷層」。透過外部顧問來達到改善，效果往往只是一時的，如何穩定並且持續地在組織內培育精實管理的人才，我相信這是更多公司經營層所面臨到的迫切需求。

就如同本文一開始所提到的這間企業，因為他們的副總經理過去三十多年來對於台灣各大汽車中心廠在品質、產能、交期的要求條件均十分熟稔，因此常見的狀況就是每當公司某部門遇到問題時，副總往往在第一時間就能與現場第一線的班組長取得聯繫，掌握問題現狀後立刻指示解決方案，以非常有效率的方式對應。但問題就出現在這裡！

組織結構既然存在課長、經理的位階，中階主管卻不能夠清楚掌握問題並自行對策，長久下來就造成中階主管權責的萎縮。

✄ 重視真正的事後檢討

老闆忙著滅火、課長茫然挨罵、基層對應累死，「見一個砍一個，見兩個砍一雙」的戰將型老闆並無法讓身旁部屬擁有太多經驗，因為養分是需要時間與耐心去澆注，問題對應解決的過程上面可以給予意見回饋，但避免下指導棋（部屬一個口令一個動作）。

更重要的是事後的檢討，不應讓事情處理後都像是船過水無痕，相反的可以試著去討論：「阿榮，我覺得你在昨天這個零件品質異

況的處理上如果可以……你覺得會不會更好？」或是：「小陳，我想聽看看你作為製造課長對於這批新模具的開發有什麼看法？」因為這些中階主管對於所管轄的職場一定都有想法，只是端看經營層如何運用罷了。

其實不光是經營層之於管理者的關係，同理可證作為管理者帶領團隊時也會有相同的情況。如果你是籃球之神 Michael Jordan，馳騁球場無往不利，然後在擔任球團老闆時卻看著旗下球員恨鐵不成鋼，甚至還在不惑之年重披戰袍復出上陣。當你拖著老命跟時間賽跑、跟自己意志力拼搏，希望帶給其他隊友示範作用時，卻發現大家在場上都是呆呆看著你表演或是等著你下指令時，你才會感受到那種無力感會有多深。

> **但問題不在大家，在於你的控制欲及你證明答案的能力，因為你一球在手、分數到手，隊友自然樂得輕鬆。**

我在獲選《經理人月刊》百大 MVP 經理人後，回到辦公室的第一個工作天就是感謝我的團隊夥伴，因為沒有大家的獨立作業能力，是無法成就這個小組織在台灣產業界創造這麼多輝煌的戰績。

下次，當你怒火中燒再一次覺得為什麼部屬為什麼又把問題丟上來給你時，請大口深呼吸兩口後，帶著微笑回覆：「這次，你覺得呢？」只要你願意把你心中的答案在吐出來前吞回肚子裡，假以時日你會發現其實每個人都期望被依賴、被肯定及被鼓勵的。

人的成長，是需要機會及時間換來；但人的惰性，也是你的回覆寵壞的。

4-6

虎父無犬子？
管理團隊也要捨得放手

今天如果你作為製造單位的組長，因為推動精實管理改善，某條產線因為效率提升後，原本七個人的編制可改為六人即可。顧問徵詢你的意見，希望從這條線要人，說是要交付這個人備料員（負責五條產線物料供給及成品搬運）的新工作，你會怎麼選擇呢？

預選名單如下：

> ⇨ **阿華：存在度低的肥宅，工作中規中矩。**
>
> ⇨ **小芬姐：早餐店阿姨風格的親切，但工作速度明顯跟不上他人。**
>
> ⇨ **快哥：陽光硬漢，全廠皆知的效率一哥，carry 整條產條的產值。**

給你十秒鐘的時間決定，不曉得你的答案會是誰呢？選擇阿華？就如同他的工作風格一樣中規中矩，不算對卻好像也沒有錯。

那如果選擇小芬姐呢？現實很殘酷，工作速度過慢會影響團隊進度，藉此機會將其踢出，雖然人情冷暖，但站在你的位置卻也無奈。

那 ... 快哥會是你的答案嗎？

「你瘋了嗎？我把底下最強的戰將釋出？還要不要績效？」

✂ 捨得放手，帶來更大效益

相信我，我有聽到你內心的怒吼。過去近十年來，上述的考題至少出過百次給台灣各大企業作答，大家的選擇跟回應其實都大同小異。

不過在我說明背後原理原則之前，讓我們先來看看日本職棒火腿鬥士隊的故事吧！日本火腿鬥士隊位處北海道，打從創隊開始就不是豪門球隊，無法像是東京讀賣巨人或是福岡軟銀鷹一樣利用雄厚財力挖角或吸引他隊優秀球員。

所以日本火腿鬥士從創隊開始就是以培養自家年輕球員為經營主軸。

然而他們是又如何能夠從 2006 年開始十年內拿下太平洋聯盟五次冠軍，更在 2006 年及 2016 年一舉奪得日本大賽優勝呢？

> ### 答案在於他們培育人才
> ### 「捨得放手」的能力。

要先打個預防針，用「虎父無犬子」作為標題並非是把管理團隊帶向「家天下」的感覺，是因為作為經營層或管理者，如果要組建一隻「長期」優秀團隊，背後的思維想法跟親子教養是極為相似的。

請注意我特別在優秀團隊的前方加上「長期」兩字，就是要告訴大家，成功或優秀說難有時還真不一定，你可能是：「金鱗豈是池

中物，一遇風雲便化龍。」站在風口上就成了會飛的豬。

> **但要能夠長期穩定的成功或優秀，**
> **除了外部環境因素外，**
> **內部管理因素的佔比就更顯重要。**

讓我們回頭看看日本火腿鬥士隊的例子，從 2004 年底選擇達比修有（日本兩次年度 MVP 及澤村賞得主），2005 年底選擇台灣選手陽岱鋼（盜壘王與金手套獎常客），2012 年底選擇大谷翔平（防禦率王及最佳指定打擊的投打二刀流選手）。這些看似球隊基石的明星球員，在取得入札資格或成為 FA 球員後，球隊也不刻意挽留。

球隊經營主軸「年輕球員優先」的貫徹度可見一番。但也正因為日本火腿鬥士隊從來不害怕陣中強將的離開，也因此不論是在球員的新陳代謝，或是相互競爭上，相較其他球團都來的健康且快速。正因如此才能在過去十年內，成為季後賽常客的一支北國勁旅。

企業組織內部的人事異動，例如新進人員、離職問題、輪調制度等都算常見，但作為主管都會想把厲害的下屬留在身邊，畢竟「強將之下無弱兵」，即便自己可能不是強將，有個厲害的下屬也能夠安心一點。

那究竟為什麼在豐田集團或是推動精實管理的企業反而都會傾向做出相反的決定：「把最強的往外送」呢？基於以下三大重點，捨得放手將會帶來更大的效益。

✕ 內部角度：讓後面的人有出頭機會

站在積極的角度，其實每個人都有擔當責任的能力。只是在組織內部往往因為沒有表現機會而容易被掩蓋。

如果能透過改善活動，主動創造人事調動的機會，把最強的那一位抽走，作為管理者你能夠評鑑第二名、第三名是否足以擔此大任。如果始終把最強者留在身邊，其他人將永無翻身之地。

✕ 外部角度：站在更高視野，做更有效之事

作為管理者，資源配置是一大課題。將低效員工放在重要位置是種低級錯誤，我想這個眾人皆知。

但如果將高效員工放在簡單職務上，對組織而言更是一種機會成本的浪費。

以文章一開頭的案例來說，快哥如果可以抽出來擔任備料員，這個工作是每日針對五條產線各工站的物料配送供給、成品入庫做即時的管理，是需要頭腦清楚且手腳俐落的條件才能做好，為此他需要熟知各條產線的物料庫位、成品庫位、生產排程先後順序等。

如果能夠將他從一條產線的責任，轉變為輔佐五條產線的效益，那更是從單點改為面的效益。

✕ 個人角度：證明自己的選擇、能力

作為管理者，做好接班人規劃這件事在台灣其實相對少見，但如果我們能夠先做好這件事情，其實也為自己後續晉升或輪調做好準備。

因此如果能夠將自己最厲害的下屬推出來接受挑戰，站在自己的角度就是向公司證明自己的選擇無誤，也讓公司認識到你具備「人才培育」的重要能力。

不論是豐田生產方式或是所謂的精實管理並非只是種工具手法，豐田汽車的元町工廠內懸掛著一幅大幅標語「造物前，先造人」就是明證。

> 能夠創造方法、建立系統、執行工作的都是「人」。而長期優秀團隊靠的就是世代交替的過程中，管理者具備將底下最強者向外送的勇氣。

4-7
適應低強度疲憊，
無法成就高強度團隊

大約從 2017 年底開始，我踏入健身領域，一開始的目的是希望自己的體態能夠更精實一點，總不好一位從事精實管理領域的顧問，帶著癡肥的體態出現在客戶面前，聽起來就是件矛盾的事情。

不過在我跟專業教練學習互動的過程中，發現其實自己的身體就是一個企業組織，如何在肌力訓練（因應變化）跟能量系統訓練（穩定表現），兩者間取得平衡，是件很有意思且需要刻意練習的事情。

簡單來說，如果你的目標是想從骨瘦如柴變成館長身材，那麼肌力訓練絕對是必要的（館長表示：快去深蹲）。於是你「伏地挺身100 次、仰臥起坐 100 次、深蹲 100 次、還有 10 公里長跑，天天堅持」卻沒有變成一拳超人，也沒變成體育台的節目「世界最強壯男人」。幾個月過去卻一點進展都沒有，到底是什麼問題呢？

> **因為你只是陷在低強度疲憊的陷阱中，身體覺得累，但並不會轉化成肌力。身體的適應能力其實很強，所以你需要適時調整運動的強度，透過高強度來刺激最大肌力的改變。**

213

你說這跟企業組織有什麼毛關係呢？「少量多樣」這個在兩岸企業出現頻率堪比「工業 4.0」的詞彙，就是因為不管在電子產品、汽車、快消品產業（指使用壽命短且消費速度快的產品，例如個人清潔用品、食品等），各家廠商為了搶奪市場大餅，無不積極推出各種新特點、口味、顏色等，務求一網打盡形形色色的需求類型。

舉一個近來最明顯的例子，大家如果有注意到，台灣從 2018 年開始幾乎每個月多家知名食品廠商都會配合各大通路（7-11、全家、全聯、好市多等）推出「期間限定商品」。

對於消費者來說，我這個月可以幸福地吃到草莓口味的 77 乳加、下個月世界盃足球賽時有鹹酥雞口味可樂果陪我熬夜，當然很開心，而且一定要拍照打卡上傳 IG 或臉書，這樣底下才會有朋友問說：「這在哪裡買的？好酷我也買。」滿足虛榮心跟驕傲感。但對於許多食品業者來說，這可是項大工程！

✖ 如何穩定又因應變化？

以前我們販賣單一產品就能打遍市場無敵手，但現在各種聯名（77 新貴派花生巧克力牛乳）、混裝（萬歲牌薯丁堅果綜合包），如果公司無法控管好生產批量、排程時間、產線切換速度，那光是庫存空間、金流停滯等損失，就足以吃掉原本所剩無幾的利潤。

所以我看到許多公司表面的風光，推出一支又一支的熱銷話題產品，但是煙花綻放的絢爛後，自己要含著眼淚收拾的是滿山滿谷的滯銷庫存。找機會賣了？這些可都是跟通路商有合約限制的獨家販賣品。放著？基本上跟把錢丟到水裡沒啥兩樣。

而這些年看下來，能夠做到面子、裏子雙收的企業多半就是低頭

苦幹，把「快速換模換線」給做好的公司，但這並非過去大家習以為常的作法，而是為了因應市場變化而刻意改變的結果。

你說這簡單嗎？聽起來並不困難，就好像我們在學校看哈佛商業個案，或是在超商翻閱《商業週刊》、《今周刊》時會寫到的企業轉型故事一樣。小時候不懂事的我，在政大就讀商學院聽教授上課談到時總覺得這又沒什麼，等到出了社會，甚至自己參與各家企業的改善案時，才深切體悟這有多不容易。

> **人真的是習慣的動物，所以在豐田集團內部人才訓練中特別強調「課題挑戰」與「問題解決」的雙軌並行。**

⊗ 問題解決：穩定表現

所謂的問題解決，就是你過去達到 80 分的表現水準，也許是營業額、成本或庫存天數、客訴件數等指標，但因為環境、人員、供應商、設備等的改變，造成退步的情況，所以分數可能落到只剩下 70 分。

> **因此我們需要像是打地鼠一樣，頻繁解決各種問題，把成績重新拉回來原有的表現。**

這些問題不一定需要花費長時間、跨部門或多人參與，有時只需要一位課長 3 分鐘時間就能解決一件問題，但他一整天可能有超過

50 件類似的小問題需要他去解決，這並不會增加課長面對多元問題的快速因應能力，反而會讓課長覺得彈性疲乏，因為都是老問題在糾結更需要有人來處理。

✂ 課題挑戰：因應變化

而課題挑戰是一種主動迎戰的態度，我們過去達到 80 分的表現，雖然眼前的 80 分可能已經在市場上佔有一席之地，但為了接下來的存續挑戰、競爭態勢的增強，有必要先行挑戰 90 分的水準。

> 為此我們必須要列出 *90* 分的具體樣貌，然後檢視現階段跟它的差距，訂出明確的時間及對策施行。

80 分跟 90 分之間的差距，有別於問題解決型，它需要耗費更多時間、跨部門的合作及投注大量思考討論才有機會達標。

但這些就像是高強度的肌力訓練一樣，擺脫原有的習慣，避免低強度的疲累。

在企業組織裡面，多數人都會選擇面對「問題解決型」的題目，因為相對熟悉、簡單、即刻見效，就如同健身時多半會做現在習慣的重量就好，然後一小時過去覺得自己有流汗就好。

之所以很難讓自己刻意去挑戰新的重量，因為會害怕失敗丟臉、害怕受傷，所以一個好的教練就顯得非常重要。企業裡要讓團隊能夠面對「課題挑戰型」的問題，需要經營層跟管理團隊做好以下這

幾件事：

⇨ 讓每個人知道我們要挑戰的目標在哪裡？

⇨ 現狀跟目標間的具體差距有多少？

⇨ 我們預計花多少時間挑戰它？

⇨ 手上有哪些資源跟工具能夠投入？

⇨ 如果我們不熟悉，可以向誰請教？

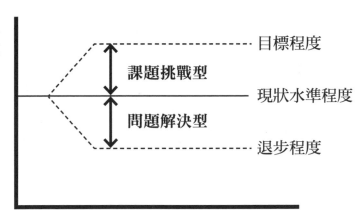

　　問題解決與課題挑戰，兩者兼具才是一家成熟穩健的企業應該去刻意練習的目標，加油！

4-8

「大速」法則：沒有完美，
你只能看情況解

★ 警告： 本文內含企業實際運營觀點，
與市面上管理類相關書籍觀點有所出入 ★

情境 1：

「顧問，我們究竟要怎麼做才能夠讓這條少量多樣的產線，擺出
最好的 Layout 呢？」位於上海的汽車座椅滑槽廠，台幹們聚集在
一起圍著大圖輸出的 Layout 問著。

情境 2：

「老師，書上說物料零件要物有定位，但我們家光是印刷用的製
版版件就有超過兩萬種，可是倉庫料架就這麼大，我們要怎麼才能
擺進去呢？」在桃園中壢的軟性包材製造廠，改善團隊們在會議室
中提出困惑他們許久的問題。

情境 3：

「老師，大家都說豐田生產方式追求零庫存。但是像在 2011 年
東日本大地震及後續引發的海嘯讓豐田供應鏈的電子零件廠無法運
作，造成日本豐田汽車停產十四天。像這樣的狀況追求零庫存真的

有比較好嗎？」在木柵的政大商學院教室中，企研所碩二學生正在
課堂上舉手提出疑問。

情境 4：

「對於你們來說，分析產品不良發生原因時，可能包含零件精度
不良、塗裝瑕疵、欠品、誤組裝等，那麼你們究竟是怎麼去選定解
決對象呢？」台中精密機械園區某上市公司的訓練教室中，我對台
下 30 位接受晉升訓練的基層主管們拋出這個問題，請大家分組討
論後回答。

其實上面這幾個真實情境案例背後隱含的都是相同的脈絡，怎
麼在面對多元多變的環境中找出一體適用的最佳解？於是企業找顧
問、上課、辦讀書會，就是希望從各種管理理論中找到答案，因為
不管新創公司追求生存、成熟公司渴望成長，大家總有許多想要的
方向，但可以肯定的是「大家都不想要失敗」，所以就會想找出完
美的答案。

但，今天就是要來打破大家不切實際的幻想。

> **完美並不可得，我們應該要追求的反而是「取捨」、「聚焦」、「妥協」、「將就」底下的最適解。**

我精挑細選過去十年內被詢問頻率最高的幾個狀況及解答，提供
給讀者們參考，如果你的公司或團隊有相同困擾的話，或許這些解
答能夠提供給你幫助。

✂ 設備物流動線：主力產品

不同於以往，不管你今天是做車子、鍋子還是螺絲起子，「少量多樣」四個字都能夠在會議中聽到。同一條產線可能要負責四種型號，而且所需設備又不盡相同，究竟要怎麼安排生產模式呢？

如果今天產線有 A.B.C 三種產品，顧問提案只會讓 A 產品增效，但 B.C 兩個產品卻會產生更多浪費，你會做嗎？這邊的解題原則在於「少量多樣中會有主力產品存在」，我們要做的就是讓量大的東西更有效率，為此甚至有可能犧牲少量產品。

舉例來說如果今天產線生產 A、B、C 三種產品，A 每天生產 3000 個、B 每天生產 1500 個、C 每天生產 500 個。如果我們把所有設備動線依 A 產品為基準設置，讓 A 生產時單件工時可以低減 10 秒，但 B 產品卻會多耗 3 秒而 C 產品甚至會耗損 20 秒，這樣對整條產線來說仍會有 15500 秒（4.3 小時）的生產效率提升。

所以不要只單看誰好誰壞，而是整體來看有無好處。

✂ 產品放置定位：對號座與自由座

庫存幾乎是每家企業的痛，都知道要整理、整頓，也都懂定位、定容、定量，但是茫茫料海可能因為場地不足、料架不夠、箱子太少，或是整理起來曠日費時，而遲遲無法達到應有的效果。

關於產品的放置定位，其實可以參考高鐵及便利超商的年節禮盒擺放方式。

身為一個高鐵的重度使用者，高鐵某些營運概念也可以讓一般企業參考，特別是車廂安排上。高鐵掛載十二個車廂，通常一到九號

車廂會是對號座，而十到十二號車廂則是自由座。如此一來我讓大部分買票的旅客每個人都擁有屬於自己的專屬位置，但也保留部分彈性給價格敏感或臨時購票者。

產品放置定位，做到固定儲位，對企業來說是極為困難的，但對於需求頻率低、測試件、客供料等雜項，並非長期且穩定的存在，那麼就學學小七（便利超商）裡面逢年過節禮盒的擺法吧！

一年四季都會販賣的商品，你可以閉著眼睛都能知道大約會擺在哪裡，例如餅乾的位置、雜誌的位置、微波食品的地點等，然而過年時的蛋捲禮盒、洋酒、海苔禮盒等則會在店門口鋪上紅布不論廠商、品牌通通放在一區集中管理，這同樣也是種取捨之下的最佳解。

✂ 安全庫存設定：正常與異常

「未雨綢繆」本是人之常情，但庫存對於企業經營來說就是種資金的積壓。

如果是因為前後工序加工能力的差異、供應商供料頻率及最小批量的要求、客戶拉貨的頻率等所必要的庫存倒還理所當然。但是通常在企業中有更多的是因為自身過往經驗所設定的「超•安全庫存」，例如曾經設備故障、廠商供料延遲等，進而產生「我多放點庫存在身上比較安心」的想法。

在 2011 年東日本海嘯後，大家不禁質疑庫存持有水位過度，那麼遇到黑天鵝事情時風險是否提高的問題？我也曾就此問題詢問過日本豐田集團的高階經理人，在沒有事前套好招的情況下，他們的回覆都十分相似。那就是像 311 東日本地震這樣可能是千年一遇的

情況，如果要為此建立安全庫存，那麼要多久時間才能用上？又應該設多少的量才足夠呢？

與其擔心那個機率很低的事件，而要讓每天的生產都產生負擔嗎？這就像是我們為了害怕出門被隕石砸到頭，難道你會每天戴著安全帽才願意出門嗎？聽起來好像很誇張很荒謬，但其實真的有許多企業是這樣的思維。

品質原因解決：金額佔比高或發生件數多

公司每天遇到大大小小的問題，作為管理者「處理異常」確實是工作中無法避免的一部分。然後公司資源有限，我們自己也時間有限，要怎麼有意識地「選擇性」面對，就成了管理能力優劣的評價關鍵。

在這邊的因應方式跟設備物流動線要以主力產品為主的觀念相同，選擇題目花時間解決時，我們就要挑選例如不良損失金額佔比高的，又或是整體客訴件數中最多的。因為我們必須在短時間內解決公司在意的指標內最顯眼的那一個！

例如以工具機業來說，如果能夠節省一組昂貴的控制器，可能比節省一台三噸半卡車的 M6 螺絲都來的有用。

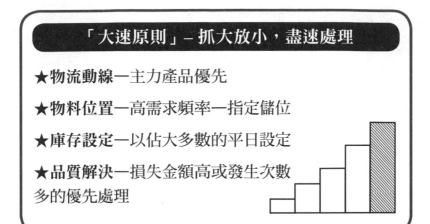

「大速原則」－抓大放小，盡速處理

★**物流動線**—主力產品優先

★**物料位置**—高需求頻率—指定儲位

★**庫存設定**—以佔大多數的平日設定

★**品質解決**—損失金額高或發生次數
多的優先處理

最後，其實在變動快速的環境中，我們很難找到所謂的完美解，因為完美並不可得，我們只能設法趨近它。

> 「大速」法則中的「大」就是在短時間內找到相對重要的問題、相對合理的設定、相對多的生產需求。

就如同「大」這個形容詞一樣，它是透過比較而來的，沒有比較基準就顯現不出差異。我們能做的就是聚焦在相對大的議題上，再來就是「快」。不要再有太多的選擇障礙，不要流於討論開會，行動才能實踐真理。加油！

【View 職場力】2AB947

豐田精實管理的翻轉獲利秘密：
不浪費就是提升生產力

作者	江守智
責任編輯	黃鐘毅
版面構成	江麗姿
封面設計	陳文德
行銷企劃	辛政遠、楊惠潔

總編輯	姚蜀芸
副社長	黃錫鉉
總經理	吳濱伶
發行人	何飛鵬
出版	創意市集
發行	城邦文化事業股份有限公司
	歡迎光臨城邦讀書花園
	網址：www.cite.com.tw

香港發行所	城邦（香港）出版集團有限公司
	香港灣仔駱克道 193 號東超商業中心
	1 樓
	電話：(852) 25086231
	傳真：(852) 25789337
	E-mail：hkcite@biznetvigator.com

馬新發行所	城邦 (馬新) 出版集團
	Cite (M) SdnBhd 41, JalanRadinAnum,
	Bandar Baru Sri Petaling, 57000 Kuala
	Lumpur,Malaysia.
	電話：(603) 90578822
	傳真：(603) 90576622
	E-mail：cite@cite.com.my

印刷	凱林彩印股份有限公司
	2023 年 (民 112) 4 月 初版13刷
	Printed in Taiwan
定價	320 元

客戶服務中心

地址：10483 台北市中山區民生東路二段 141 號 B1
服務電話：（02）2500-7718、（02）2500-7719
服務時間：週一至週五 9：30 ～ 18：00
24 小時傳真專線：（02）2500-1990 ～ 3
E-mail：service@readingclub.com.tw

※ 詢問書籍問題前，請註明您所購買的書名及
書號，以及在哪一頁有問題，以便我們能加快處
理速度為您服務。

※ 我們的回答範圍，恕僅限書籍本身問題及內
容撰寫不清楚的地方，關於軟體、硬體本身的問
題及衍生的操作狀況，請向原廠商洽詢處理。

※ 廠商合作、作者投稿、讀者意見回饋，請至：
FB 粉絲團·http://www.facebook.com/InnoFair
Email 信箱·ifbook@hmg.com.tw

版權聲明／本著作未經公司同意，不得以任何方
式重製、轉載、散佈、變更全部或部分內容。

商標聲明／本書中所提及國內外公司之產品、商
標名稱、網站畫面與圖片，其權利屬各該公司或
作者所有，本書僅作介紹教學之用，絕無侵權意
圖，特此聲明。

國家圖書館出版品預行編目資料

豐田精實管理的翻轉獲利秘密：不浪費就是提
升生產力 / 江守智 著 . -- 初版 . -- 臺北市：創意
市集出版：城邦文化發行 , 民 108.4
面；　公分

ISBN　978-957-9199-52-0（平裝）
1. 生產管理

494.5　　　　　　　　　　　　　　108005199